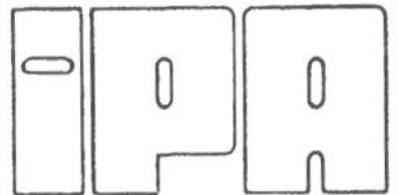

Forschung und Praxis · Band 51

Berichte aus dem Fraunhofer-Institut
für Produktionstechnik und Automatisierung,
Stuttgart, und dem Institut
für Industrielle Fertigung und Fabrikbetrieb
der Universität Stuttgart

Herausgeber: Prof. Dr.-Ing. H. J. Warnecke

Willi Rößner

Materialflußgestaltung in Fertigungssystemen

Mit 76 Abbildungen

Springer-Verlag
Berlin Heidelberg New York 1981

Dipl.-Ing. Willi Rößner

Fraunhofer-Institut für Produktionstechnik und Automatisierung (IPA), Stuttgart

Dr.-Ing. H. J. Warnecke

o. Professor an der Universität Stuttgart
Fraunhofer-Institut für Produktionstechnik und Automatisierung (IPA), Stuttgart

D 93

ISBN-13: 978-3-540-10888-7 e-ISBN-13: 978-3-642-47928-1
DOI: 10.1007/978-3-642-47928-1

Gesamtherstellung: Drucken + Werben GmbH · Löwenstraße 94 · 7000 Stuttgart 70 · Telefon (07 11) 76 49 59.

2362/3020—543210

Geleitwort des Herausgebers

Die Entwicklungen in der Produktionstechnik in den letzten Jahrzehnten haben entscheidend zur positiven wirtschaftlichen und sozialen Entwicklung in der Bundesrepublik Deutschland beigetragen. Die Produktivität konnte jedes Jahr um durchschnittlich etwa 3,5 % gesteigert werden. Mechanisierung und Automatisierung wurden und werden stetig weiter vorangetrieben. Während es sich bisher jedoch um Verbesserungen an einzelnen Maschinen und Anlagen sowie Verfahren handelte, werden heute alle Unternehmensbereiche erfaßt, und man ist bemüht, das gesamte System Unternehmen bzw. Produktionsbetrieb zu optimieren. Das klassische Bemühen um Optimierung des Einsatzes und Zusammenwirkens der Produktionsfaktoren Mensch, Maschine und Material muß heute erweitert werden um die Berücksichtigung sozialer Belange, gesetzlicher Auflagen, Probleme der Energieversorgung, schnellen Veränderungen an den Produkten und auf den Märkten sowie Sicherung der Qualität und der Lieferfähigkeit.

Von wissenschaftlicher Seite wird und muß dieses Bemühen unterstützt werden durch die Entwicklung von Methoden und Vorgehensweisen zur systematischen Analyse und Verbesserung des Systems Produktionsbetrieb. Hier ist heute insbesondere auch der Fertigungsingenieur gefordert, nicht nur einzelne Maschinen und Verfahren zu beherrschen, sondern das gesamte komplexe System hinsichtlich der Verknüpfung seiner Elemente durch zweckmäßigen Informations- und Materialfluß. Beispielhaft seien dazu nur hinsichtlich des Informationsflusses die heute gegebenen Möglichkeiten der Datenerfassung und -verarbeitung in Fertigungsplanung und -steuerung, an den einzelnen

Produktionsanlagen sowie im Qualitätswesen genannt. Im Materialfluß geht es um richtige Auswahl und Einsatz von Fördermitteln, Förderhilfsmitteln sowie Anordnung und Ausstattung von Lägern. Der weiteren Automatisierung in der Handhabung von Werkstücken und Werkzeugen sowie der Montage von Produkten wird in nächster Zukunft allergrößte Aufmerksamkeit geschenkt werden. Leistungsfähige Sensoren werden die Möglichkeiten dafür sehr stark vergrößern.

Die beiden vom Herausgeber geleiteten Institute, das Institut für Industrielle Fertigung und Fabrikbetrieb der Universität Stuttgart sowie das Fraunhofer-Institut für Produktionstechnik und Automatisierung in Stuttgart, arbeiten in grundlegender und angewandter Forschung intensiv an den aufgezeigten Entwicklungen in der Produktionstechnik mit. Zur Umsetzung gewonnener Erkenntnisse wird die Schriftenreihe "IPA Forschung und Praxis" herausgegeben. Der vorliegende Band setzt diese Reihe fort, eine Übersicht über bisher erschienene Titel wird am Schluß dieses Bandes gegeben.

Dem Verfasser sei für die geleistete Arbeit gedankt, dem Springer-Verlag für die Aufnahme dieser Schriftenreihe in seine Angebotspalette und der Druckerei für saubere und zügige Ausführung. Möge das Buch von der Fachwelt gut aufgenommen werden.

Hans-Jürgen Warnecke

V o r w o r t

Die vorliegende Arbeit entstand während meiner Tätigkeit am Institut für Industrielle Fertigung und Fabrikbetrieb der Universität Stuttgart im Sonderforschungsbereich "Flexible Fertigungssysteme".

Dem Institutsleiter, Herrn Prof. Dr.-Ing. H. J. Warnecke, danke ich für die großzügige Unterstützung und Förderung meiner Arbeit.

Mein Dank gilt ebenfalls Herrn Prof. Dipl.-Ing. Dr. techn. F. Beisteiner für seine eingehende Durchsicht sowie für die Hinweise, die diese Arbeit positiv beeinflußt haben.

Ebenso möchte ich mich bei dem großen Kreis von Kollegen bedanken, die mich durch ihre Vorschläge und anregende Kritik unterstützt haben. Besonders gilt dies für die Mitarbeit der Herren Dipl.-Ing. W. Friedrich beim Aufbau der Versuchsanlage und Dipl.-Ing. T. Zipse beim Programmieren der in meiner Arbeit erwähnten Programme.

Stuttgart, März 1981

W. Rößner

INHALTSVERZEICHNIS

		Seite
0.1	Schrifttum	13
0.2	Verwendete Größen, Einheiten und Abkürzungen	20
0.3	Begriffe und Definitionen	27
1	Einleitung	29
1.1	Stand der Erkenntnisse	29
1.2	Zielsetzung und Aufgabenstellung	32
1.3	Vorgehensweise	33
2	Materialfluß als Teilsystem von Fertigungssystemen	34
2.1	Systemtechnische Betrachtung des Materialflußsystems	34
2.2	Anforderungen an das Werkstückflußsystem in flexiblen Fertigungssystemen	35
2.2.1	Flexibilität von Werkstückflußsystemen	36
2.2.1.1	Flexibilität als Kriterium zur Systembewertung	36
2.2.1.2	Gerätetechnische Realisierung flexibler Verkettungseinrichtungen	37
2.2.2	Durchlauffreizügigkeit in flexiblen Fertigungssystemen	39
3	Analyse des Materialflusses in flexiblen Fertigungssystemen	41
3.1	Werkstückflußkosten und Wirtschaftlichkeit von Verkettungseinrichtungen	41
3.1.1	Kosten für den Werkstücktransport zwischen den Arbeitsstationen	41
3.1.2	Zwischenlager-, Kapitalbindungs- und Flächenkosten	43
3.1.3	Werkstückwechselkosten	45
3.1.4	Durch Nutzungsverluste der Fertigungsmittel verursachte Kosten	46
3.1.5	Wirtschaftlichkeitsbedingte Einsatzbereiche für Verkettungseinrichtungen	47
3.2	Verkettungsstruktur	49
3.2.1	Werkstückbearbeitung in flexiblen Fertigungssystemen	49
3.2.2	Transportarten Sammel- und Einzeltransport	51

Seite

3.2.2.1 Funktion von Verkettungshilfsmitteln und Werkstückträgern 51

3.2.2.2 Einfluß der Werkstückträgerkosten und Maschinenbelegungszeit auf den Schichtbetrieb 53

3.2.3 Zuordnung der Speicher- und Fördereinrichtungen zu den Arbeitsstationen 61

3.2.3.1 Zentrale Anordnung von Werkstückspeichern 62

3.2.3.2 Dezentrale Anordnung von Werkstückspeichern 64

3.3 Klassifizierung von Verkettungseinrichtungen nach dem technischen Aufbau 66

3.4 Analyse der Funktion Fördern 68

3.4.1 Klassifizierung von Einrichtungen für die Funktion Fördern 68

3.4.2 Einsatzbedingungen für Fördereinrichtungen 71

3.4.2.1 Werkstückmenge 71

3.4.2.2 Transportzeit 73

3.4.2.3 Transportlosgröße 76

3.4.2.4 Linienführung in Fördersystemen 78

3.4.3 Kosten von Fördereinrichtungen 80

3.4.3.1 Investitionskostenanalyse bei Fördereinrichtungen 80

3.4.3.2 Vergleich von Investitionskosten 83

3.4.3.3 Betriebskosten von Fördereinrichtungen 88

3.5 Analyse der Funktion Speichern 88

3.5.1 Klassifizierung von Einrichtungen für die Funktion Speichern 88

3.5.2 Einsatzbedingungen für Speichereinrichtungen 91

3.5.2.1 Zugriffsfolge 91

3.5.2.2 Zugriffszyklus 91

3.5.2.3 Zugriffszeit 93

3.5.3 Kosten von Speichereinrichtungen 94

3.6 Analyse der Funktion Werkstückwechsel 99

3.6.1 Klassifizierung von Einrichtungen für die Funktion Werkstückwechsel 99

3.6.2 Einsatzbedingungen für Werkstückwechseleinrichtungen 101

3.6.3 Kosten von Werkstückwechseleinrichtungen 104

3.6.4 Wirtschaftlichkeit von Werkstückwechseleinrichtungen am Beispiel des Werkstückträgerwechsels bei prismatischen Werkstücken 104

3.7 Zusammenfassung zur Analyse des Materialflusses und Schlußfolgerungen 107

Seite

4 Planung von Materialflußsystemen 108

4.1 Problem der Auswahl von Verkettungseinrichtungen bei der Materialflußplanung 109

4.2 Lösung des Auswahlproblemes durch ein rechnerunterstütztes Auswahlverfahren 110

4.2.1 Notwendige Eigenschaften und Bedingungen 110

4.2.2 Beschreibung des Auswahlverfahrens 112

4.2.3 Möglichkeiten und Grenzen des Auswahlverfahrens 112

4.3 Anwendung des Auswahlverfahrens am Fallbeispiel einer industriellen Planungsaufgabe 113

4.3.1 Erfassen der Aufgabenstellung 114

4.3.2 Ermitteln der Verkettungsstruktur 114

4.3.3 Erarbeiten von Konzeptalternativen 116

4.3.4 Auswählen und Entwickeln von Verkettungseinrichtungen 119

4.3.5 Technische und wirtschaftliche Bewertung von alternativen Planungsergebnissen 122

5 Entwicklung eines linearmotorgetriebenen Palettenfördersystems 123

5.1 Ausgangsüberlegungen und Systemkonzeption 124

5.2 Vergleich mit herkömmlichen Systemen und Ausblick 127

6 Zusammenfassung 131

Anhang I : Rechnerunterstütztes Auswahlverfahren für Verkettungseinrichtungen 133

1 Aufbau des Auswahlverfahrens 133

1.1 Identnummernsystem 133

1.2 Lösungskatalog für Verkettungseinrichtungen 135

1.3 Programm DAVE zur Auswahl von Verkettungseinrichtungen 135

2 Ablauf des Auswahlvorganges 135

2.1 Eingabe von Auswahldaten im Dialogbetrieb 137

2.2 Ausgabe von Lösungsmöglichkeiten 139

Seite

Anhang II: <u>Linearmotorgetriebenes Palettenfördersystem mit trennbaren Schleppfahrzeugen</u> 140

1 Aufbau der Versuchsanlage 140

1.1 Förderbahn 140

1.2 Schleppfahrzeuge 140

1.3 Positionier- und Kupplungseinrichtung 141

1.4 Steuerung und Regelung 142

2 Untersuchungen zu speziellen Problemen beim Einsatz von Linearmotoren 144

2.1 Positionieren mit Linearmotoren 144

2.1.1 Lösungsmöglichkeiten zum Positionieren mittels Linearmotoren 144

2.1.2 Versuchsergebnisse zum Positionieren 146

2.2 Dynamische Eigenschaften in Kurven- und Geradstrecken 148

2.2.1 Luftspaltgeometrie in Kurven 148

2.2.2 Versuchsergebnisse zum Beschleunigungsvermögen 149

0.1 Schrifttum

1. o.V. — VDI-Richtlinie 3300, Materialfluß-untersuchungen (8.73). Berlin und Köln: Beuth-Vertrieb.

2. o.V. — VDI-Richtlinie 3240, Verkettung von Fertigungseinrichtungen (12.58). Berlin und Köln: Beuth-Vertrieb.

3. Beisteiner, F., Fischer, W. — Fördertechnik im Fertigungsbetrieb. VDI-Z. 119 (1977) 7, S. 379...383.

4. Warnecke, H.J. — Rechnereinsatz in der Produktion -Stand und Entwicklungstendenzen. Tagungsberichtsband 9. IPA-Arbeitstagung. Stuttgart: Institut für Produktionstechnik und Automatisierung 1977.

5. Ropohl, G. — Flexible Fertigungssysteme. Mainz: Krausskopf-Verlag 1971.

6. Brandner, G., Nowak, L., Wittig, H.-H. — Das Maschinensystem ROTA FZ 200 -variabel im Aufbau und Einsatz. TZ f. prakt. Metallbearbeitung 66 (1972) 10, S. 509...513.

7. Junghans, W. — Planung neuer Fertigungssysteme für die Einzel- und Serienfertigung. Dissertation TH Aachen 1971.

8. Westkämper, E. — Automatisierung in der Einzel- und Serienfertigung - Ein Beitrag zur Planung, Entwicklung und Realisierung neuer Fertigungskonzepte. Dissertation TH Aachen 1977.

9. Schüring, A. — Die Echtzeit-Prozeßsimulation. Ein Hilfsmittel zur Entwicklung und Analyse der Prozeßsteuerung in flexiblen Fertigungssystemen. Dissertation TH Aachen 1975.

10. Scharf, P. — Strukturen flexibler Fertigungssysteme. Mainz: Krausskopf-Verlag 1976.

11. Warnecke, H.J., Gericke, E., Vettin, G. — Auslegung der Verkettungseinrichtungen flexibler Fertigungssysteme mit Hilfe der Simulation. Vortragsmanuskript zum CIRP-Seminar, Turin, 1976.

12. Wilhelm, R. — Planung und Auslegung des Materialflusses flexibler Fertigungssysteme. Dissertation Universität Stuttgart 1978.

13. Felten, K. — Die Gestaltung von Fertigungssystemen zur Bearbeitung von Rotationsteilen. Dissertation TH Aachen 1977.

14. Auer, B.H. — Beitrag zur Steigerung der Flexibilität von Handhabungseinrichtungen im Bereich der Einzel- und Kleinserienfertigung. Dissertation TU Berlin 1977.

15. Schraft, R.D. — Systematisches Auswählen und Konzipieren von programmierbaren Handhabungsgeräten. Mainz: Krausskopf-Verlag 1977.

16. Franzius, H. — Die methodische Zuordnung von Fördermittel und innerbetrieblicher Transportaufgabe. Dissertation TU Hannover 1972.

17. Rau, W. — Systematische Auswahl von Förderhilfsmitteln für den innerbetrieblichen Materialfluß. Mainz: Krausskopf-Verlag 1977.

18. Warnecke, H.J., Schraft, R.D. — Industrieroboter. Mainz: Krausskopf-Verlag 1974.

19. Schweizer, M. — Sensoren für programmgesteuerte Handhabungsgeräte. fördern und heben 27 (1977) 4, Fachteil mht, S. 22...27.

20. Tuffentsammer, K., Meerkamm, H. — Spannvorrichtungssysteme für die Bearbeitung von Werkstücken in flexiblen Fertigungssystemen. wt-Z. ind. Fert. 65 (1975) 1, S. 1...7.

21. o.V. — VDI-Richtlinie 3237, Blatt 1 -Fertigungsgerechte Werkstückgestaltung im Hinblick auf automatisches Zubringen. (7.67). Berlin und Köln: Beuth-Vertrieb.

22. o.V. — VDI-Richtlinie 3238, Werkstückhandhabung in Transferstraßen ohne Werkstückträger. (2.68). Berlin und Köln: Beuth-Vertrieb.

23. Schmigalla, H. — Methoden zur optimalen Maschinenanordnung. Berlin: VEB Verlag Technik 1970.

24. Kreutzfeldt, H.F. — Fertigungsdurchlaufzeit und Kapitalbindung. Industrial Engineering, 4 (1974) 4, S. 347...353.

25. Loos, U. — Maßnahmen zur Verkürzung der Durchlaufzeit in Betrieben mit Einzelteil- und Kleinserienfertigung. VDI-Z 119 (1977) 19, S. 913...956.

26. Warnecke, H.J. — Wirtschaftlichkeitsrechnung. Vorlesungsmanuskript 1974.

27. Williamson, D.T.N. — NC-Fertigungsstraße für Leichtmetallwerkstücke. TZ. f. prakt. Metallbearbeitung (Numerik) 63 (1969) 8, S. 457...459.

28. o.V. — JMTBA STANDARD MAS 405-1975 Japan Machine Tool Builders Association 1975.

29. Vettin, G. — Analyse von Grundtypen flexibler Fertigungssysteme und ihrer Varianten. ZwF 72 (1979) 9, S. 476...482.

30. o.V. — Wirtschaftlichkeitsberechnung bei Mehrspindel-Drehautomaten. Firmenschrift, Gildemeister Report 13.

31. Hahn, R., Kunerth, W., Roschmann, K. — Die Nummerung im Fertigungsbetrieb. Teil 1, Werkstattstechnik 58 (1968) 4, S. 178...182.

32. o.V. — DIN 15 201, Stetigförderer, Teil 1. Berlin und Köln: Beuth-Vertrieb 1977.

33. Hennig, D., Gerchel, W. — Auswahl zweckmäßiger Flurfördermittel mit Hubeinrichtung. Hebezeuge und Fördermittel 13 (1973) 9, S. 282...285.

34. Gudehus, T. — Transportsysteme für leichtes Stückgut. Düsseldorf: VDI-Verlag 1977.

35. REFA (Herausgeber) — Methodenlehre des Arbeitsstudiums. Teil 1: Grundlagen. München: Carl Hanser-Verlag 1973.

36. Rößner, W. — Stetigförderer als Verkettungseinrichtungen in Fertigungssystemen. mht 1 (1976) 1, S. 29...32.

37. o.V. — VDI-Richtlinie 2411, Begriffe und Erläuterungen im Förderwesen (6.70). Berlin und Köln: Beuth-Vertrieb.

38. Gail, M. — Zur Dimensionierung von Palettenflachregalen. fördern und heben 27 (1977) 7, S. 662...666.

39. o.V. — Unterlagen der Firma Monforts, Mönchengladbach.

40. Brunner, B., Klingenberg, G., Pferdemenges, R., Zenner, K. — Flexibles Fertigungssystem für Zylinderköpfe. Forschungsbericht KfK - PDV 138, Januar 1978, S. 174 ff.

41. Warnecke, H.J., Herrmann, G. — Handhabungsgerechte Gestaltung von Werkzeugmaschinen. wt-Z. ind. Fertig. 65 (1975) 5, S. 275...280.

42. Roth, K., Franke, H.J., Simonek, R. — Aufbau und Verwendung von Katalogen für das methodische Konstruieren. Konstruktion 24 (1972) 11, S. 449...458.

43. Zangemeister, C. Grundzüge der Nutzwertanalyse in der Systemtechnik. München: Wittemannsche Buchhandlung 1970.

44. Rößner, W., Schulz, E. Offenlegungsschrift 2717035 Vorrichtung zum selbsttätigen Transport von Gegenständen. München: Deutsches Patentamt.

45. Lenzkes, D. Grundlagen und Steuerung der Linearmotorentechnik. Lehrgangsunterlagen aus "Linearmotoren", München: Verlag Moderne Industrie 1973.

46. Luda, G., Pöhlsen, K. Steuerung und Regelung von Linearmotoren. Elektro-Anzeiger 27 (1974) 24, S. 515...518.

47. Rummich, E. Bremsmethoden bei Asynchronlinearmaschinen. Elektrische Bahnen 43 (1972) 12, S. 273...277.

48. Sfax, E. Antrieb und Positionierung von Fahrzeugen für innerbetrieblichen Transport durch Linearmotoren. Elektrie 24 (1970) 10, S. 358...361.

49. Rößner, W. Palettenfördersystem mit Linearmotorantrieb für flexible Fertigungssysteme. Ind.-Anz. 98 (1976) 99, S. 1778...1779.

50. Rößner, W. Informationsfluß in der Versuchsanlage eines Palettenfördersystems. Bericht des Sonderforschungsbereiches 155 der DFG an der Universität Stuttgart, 1979.

51. Hajek, M., Roubicek, O., Zdenek, Z. — Hybrid Linear Electric Drive for Industrial Applications. Vortragsmanuskript zum IFAC Symposium, Düsseldorf 1977.

52. o.V. — VDI/DQG-Richtlinie 3441, Statistische Prüfung der Arbeits- und Positionsgenauigkeit von Werkzeugmaschinen; Grundlagen (3.77). Berlin und Köln: Beuth-Vertrieb.

53. Rößner, W. — Technische Integrationsmöglichkeiten von Werkstück- und Werkzeugfluß. Bericht des Sonderforschungsbereiches 155 der DFG an der Universität Stuttgart, 1977.

0.2 Verwendete Größen, Einheiten und Abkürzungen

Größe	Einheit	Erläuterung
a	m/s^2	Beschleunigung
A	DM/a	Abschreibung
A_{MG}	m^2	Maschinengrundfläche
AS		Arbeitsstation
A_{WT}	m^2	Aufspannfläche von Werkstückträgern
A_{ZL}	m^2	Zwischenlagerfläche
B	m	Breite
BS		Bestimmen-Spannen
C_K	1/m	Knotendichte
D	mm	Werkstückdurchmesser
D_S	1/m	Speicherdichte
D_{SH}	1/m	Speicherdichte im Hauptschluß
D_{SN}	1/m	Speicherdichte im Nebenschluß
E_i		Erfüllungsfaktor für Kriterium i
F		Fertigteil- bzw. Ausgabepuffer
F_{AG}	N	Stillstandsschubkraft auf Gerade
F_{AK}	N	Stillstandsschubkraft in Kurve
F_p	N	Scherkraft
F_S	1/h	je Stunde gefertigte Werkstückmenge
G_i		Gewichtungsfaktor für Kriterium i
HH		Handhabung
i		Zählindex
I_F	1/h	Transporthäufigkeit
k_f	m	Knotenkostenkoeffizient
k_F		Flächenfaktor
k_i		Maschinen, mit denen Maschine i kooperiert
k_{fp}		Kostenanstiegsfaktor

Größe	Einheit	Erläuterung
k_T		simultan im System ausgeführte Transporte
K_{AH}	DM/h	Arbeitsplatzkostensatz
K_B	DM	Bearbeitungskosten
K_E	DM/a	jährliche Einsparung
K_F	DM	Fertigungskosten
K_{FE}	DM/m	Kostenvergleichsgröße zur Transporthäufigkeit
K_{KFE}	DM/m	Kostenvergleichsgröße zur Transporthäufigkeit und Knotendichte
K_{FM}	DM/h	Kostensatz für Fördermittel
K_{FZ}	DM	Investitionskosten für ein Fahrzeug
K_G	DM	Investitionskostenaufwand
K_i	DM	veränderliche Kosten
K_{KE}	DM/m	Kostenvergleichsgröße zur Knotendichte
K_{KB}	DM	Investitionskosten für Förderbahn
K_{KH}	DM/h	Kapitalbindungskosten
K_{KN}	DM	Investitionskosten für eine Knotenkomponente
K_{LG}	DM/m	Investitionskosten für Förderbahngeradstück
K_{LN}	DM/m	Investitionskosten für Förderbahnkurvenstück, bezogen auf die gestreckte Länge
K_M	DM/h	Maschinenstundensatz
K_{LB}	DM/h	Lohnkosten für Maschinenbedienung
K_{LH}	DM/h	Lohnkosten
K_{LS}	DM/h	Lohnkosten für das Auf- und Abspannen von Werkstücken
K_{MF}	DM	Materialflußkosten
K_{MFS}	DM	Investitionskosten für Materialflußsystem

Größe	Einheit	Erläuterung
K_{MNH}	DM/h	Kosten für Nutzungsverluste der Fertigungsmittel
K_O	DM	Organisationskosten
K_R	DM/m^2	jährliche Flächenkosten
K_{RH}	DM/h	Flächenkosten je Stunde
K_{SH}	DM/h	sonstige Werkstückflußkosten
K_{SN}		Anzahl Speicherstrecken im Nebenschluß
K_{SP}	DM	Investitionskosten je Speicherplatz
K_T	DM	Transportkosten je Transport
K_{TH}	DM/h	Transportkosten je Stunde
$K_{Ü}$	DM	Investitionskosten für Überwachungseinrichtung
K_{WF}	DM/h	Werkstückflußkosten je Stunde
K_{WFE}	DM/h	werkstückflußgegebene Einsparung je Stunde
K_{WH}	DM/h	Werkstückwechselkosten
K_{WM}	DM/h	Kostensatz für Werkstückwechseleinrichtung
K_{WS}	DM	Werkstückwert
K_{WT}	DM	Investitionskosten je Werkstückträger
K_{WTG}	DM	Investitionskosten für gesamten Werkstückträgerbestand
K_{ZH}	DM/h	Kostensatz für Zwischenlagereinrichtung
l	mm, m	Werkstücklänge, Teilstreckenlänge
$\bar{l}_F$	m	mittlerer Fahrzeugabstand
$\bar{l}_K$	m	mittlerer Knotenabstand
L	m	Teilstreckenlänge
L_F	m	Förderbahnlänge
L_{LM}	mm	Linearmotorlänge
L_{SP}	mm	Abmessung eines Speicherplatzes

Größe	Einheit	Erläuterung
m		Anzahl Bearbeitungsstufen
m_E	kg	Eigenmasse
m_L	kg	Traglast, Palettenlast
m_{TE}	kg	Werkstückmasse je Transport
m_{WS}	kg	Werkstückmasse
n_{AS}		Anzahl Arbeitsstationen
n_S		Anzahl Speicherplätze
n_{SH}		Anzahl Speicherplätze in Hauptschlußanordnung
n_{SN}		Anzahl Speicherplätze in Nebenschlußanordnung
n_{SG}		Speicherkapazität im System
$\bar{n}_{SM}$		durchschnittliche Speicherkapazität je Speicherzone
n_{SW}		zwischengelagerte Werkstückmenge
n_{WS}		Werkstückdurchlaufgruppen
n_{WT}		theoretisch minimal benötigte Werkstückträgermenge
$n_{WTtat.}$		tatsächlich benötigte Werkstückträgermenge
n_{WTB}		Werkstückträgermenge für Bedienschicht
n_{WTS}		Werkstückträgermenge für zusätzliche Schichten
NC		Numerische Steuerung
p		Werkstückmenge je Transport (Transportlosgröße)
p_z	%	Zinssatz für Umlaufvermögen
PC		Programmierbare Steuerung
q		Werkstückteilmenge
Q		Werkstückmenge
Q_T	1/h	transportierbare Werkstückmenge je Stunde

Größe	Einheit	Erläuterung
R		Rohteil- bzw. Eingabepuffer
R_K	mm	Kurvenradius
R_1	mm	Kurvenradius (Innenseite)
R_2	mm	Kurvenradius (Außenseite)
s	m	Weg
s_B	m	Beschleunigungsstrecke
s_G	m	Gesamtstrecke
s_P	m	Positionierstrecke
s_V	m	Weg mit max. Geschwindigkeit
S_B		Anzahl Bedienschichten
S_n		Anzahl Arbeitsschichten
SP		Speicherplatz
t	h, min	Zeit, Zeitspanne
t_B	s	Beschleunigungszeit
t_G	s	Transportgrundzeit
t_P	s	Positionierzeit
t_V	s	Zeitanteil mit max. Geschwindigkeit beim Transportvorgang
t_W	s	Wartezeit
$t_Ü$	s	Übergabezeit
T_A	a	Amortisationszeit
T_{AS}	h, min	Belegungszeit
T_{ASi}	h, min	Belegungszeit der Arbeitsstation i
T_{DZ}	h	Durchlaufzeit
T_{DZt}	h	theoretische Durchlaufzeit
T_L	a	Abschreibungszeitraum
T_{Li}	h	Zwischenlagerzeit bei Bearbeitungsstufe i
T_N	h	Nutzungszeit

Größe	Einheit	Erläuterung
T_P	min	Programmausführungszeit (NC-Programm)
T_S	min	Schichtbetriebszeit
T_T	h, min, s	Transportzeit
T_{Ti}	h	Transportzeit zur Bearbeitungsstufe i
T_W	min	Werkstückwechselzeit
T_{WH}	min	Werkstückwechselzeit mit Werkstückwechseleinrichtung
T_{WM}	min	Werkstückauf- und -abspannzeit
$\bar{U}$	mm	mittlere Umkehrstreubreite
U_{max}	mm	Extremwert der Umkehrstreubreite
v	m/s	Geschwindigkeit
$\bar{v}$	m/s	mittlere Geschwindigkeit
v_E	m/s	maximale Geschwindigkeit
v_P	m/s	Schleichgeschwindigkeit, Positioniergeschwindigkeit
V_{SR}		räumliche Speicherverteilung
V_{TE}	dm^3	Werkstückvolumen je Transport
V_{WS}	dm^3	Werkstückvolumen
WE		Wegeinheit
WS		Werkstück
WT		Werkstückträger
x	mm	unabhängige Variable für Wegrichtung
z		Fertigungslosgröße
Z_i		Nutzwert des Zieles i
α_t		Zeitverhältnis
α_{MM}	%	Zuschlag für Montage mechanischer Komponenten
α_S	%	Zuschlag für Steuerungskosten
α_{SM}	%	Zuschlag für Steuerungsmontage
β_k		Kostenverhältnis

Größe	Einheit	Erläuterung
γ	%	Zeitanteil je Stunde für Werkstückwechselaufgaben
δ_{ges}	mm	magnetischer Luftspalt
δ^*_{ges}	mm	optimaler magnetischer Luftspalt
δ_L	mm	Aluminium-Läuferdicke
δ_R	mm	Eisen-Rückschlußdicke
$\delta_{ÜO}$		Zeitanteil für manuelle Überwachung <u>ohne</u> Überwachungseinrichtungen
$\delta_{ÜM}$		Zeitanteil für manuelle Überwachung <u>mit</u> Überwachungseinrichtungen
δ_{zus}	mm	zusätzlicher mechanischer Luftspalt infolge Kurvenkrümmung
δ_{zus1}	mm	zusätzlicher mechanischer Luftspalt (Innenkurve)
$\delta_{zus1,max}$	mm	max. zusätzlicher mechanischer Luftspalt (Innenkurve)
δ_{zus2}	mm	zusätzlicher mechanischer Luftspalt (Außenkurve)
$\delta_{zus2,max}$	mm	max. zusätzlicher mechanischer Luftspalt (Außenkurve)
η_{WT}		Werkstückträgernutzungsgrad
ϕ	grd	Winkel
$\varkappa$		Kooperationsgrad

0.3 Begriffe und Definitionen

Materialfluß - Verkettung

Nach VDI 3300 /1/ umfaßt der außerbetriebliche Materialfluß den Materialfluß 1. Stufe und der innerbetriebliche Materialfluß den Materialfluß 2., 3. und 4. Stufe. Im innerbetrieblichen Materialfluß wird die 2. Stufe abgegrenzt durch die Lage der Betriebe (Werkseinheiten) innerhalb des Werkes zueinander. Die 3. Stufe beinhaltet den Materialfluß innerhalb der Werkseinheiten (Gebäude, Werkhallen usw.). In der 4. Stufe wird der Materialfluß am Arbeitsplatz selbst betrachtet. Der Materialfluß im Fertigungsbereich setzt sich aus dem Werkstück-, Werkzeug-, Hilfsstoff- und Abfallstofffluß zusammen (Bild 1). Für den automatisierten und räumlich auf den Materialfluß 3. und 4. Stufe begrenzten Bereich innerhalb einer Maschinengruppe ist in der Fertigungstechnik für den Werkstück- und Werkzeugfluß der Begriff "Verkettung" gebräuchlich /2/. Die Verkettungseinrichtungen führen in einer Fertigungslinie Förder-, Speicher- sowie Werkstück- und/oder Werkzeugwechselfunktionen aus. Wenn eine genaue Unterscheidung notwendig ist, werden in den folgenden Ausführungen die eingrenzenden Begriffe verwendet. Für allgemeine oder übertragbare Sachverhalte wird der übergeordnete Begriff "Materialfluß" benutzt.

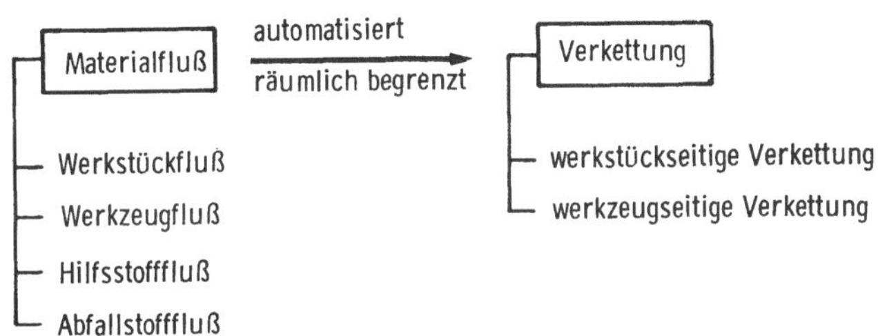

Bild 1: Begriffszusammenhänge zum Materialfluß

Fördern - Transportieren

Die Begriffe werden teilweise synonym verwendet. Nach /3/ bildet die Transporttechnik den Überbegriff zur Förder- und Verkehrstechnik. Da Förder- und Verkehrstechnik weitgehend analoge Eigenschaften aufweisen, ist es zutreffend, wenn ganz allgemein von Transportproblemen und Transportsystemen gesprochen wird. Nur wenn auf die Besonderheiten des innerbetrieblichen Transportes hingewiesen werden muß, kann durch die Bezeichnung Förderprobleme bzw. Fördersysteme eine Unterscheidung vorgenommen werden.

1 Einleitung

Bedingt durch stärkere Vielfalt industriell erzeugter Produkte, dem Wunsch nach Humanisierung der Arbeitswelt und der Erhaltung der Wettbewerbsfähigkeit der Unternehmungen verstärkt sich die Notwendigkeit zur Automatisierung auch in der Einzelteil- und Kleinserienfertigung. Ergebnisse dieser Bemühungen zeigen sich in der Anwendung der NC-Technik und dem EDV-Einsatz in der Fertigungsplanung und Fertigungssteuerung /4/. Der Einsatz flexibler Fertigungssysteme /5/ stellt einen weiteren Schritt dieser Entwicklung dar. Die wesentlichen Merkmale solcher Systeme sind die automatisierte Werkstückbearbeitung und die zeitliche und räumliche Verknüpfung der Arbeitsstationen durch Verkettungseinrichtungen.

Technische, wirtschaftliche und arbeitswissenschaftliche Gründe sind ausschlaggebend für den Einsatz von flexiblen Fertigungssystemen. In einer zentralen Stirnradfertigung werden u. a. in /6/ als quantifizierbares wirtschaftliches Ergebnis die durchschnittliche Selbstkostensenkung pro Stirnrad auf etwa 87% und die Verkürzung der Durchlaufzeiten auf etwa 52% angegeben. Die zögernde industrielle Einführung zeigt jedoch, daß solche Ergebnisse nur in begrenztem Maße erreichbar sind. Der Anwendung in einem größeren Einsatzbereich stehen noch eine Reihe technischer und wirtschaftlicher Probleme entgegen, deren Lösung umfangreiche anwendungsbezogene Untersuchungen erfordern.

1.1 Stand der Erkenntnisse

Die in /7,8/ durchgeführten Untersuchungen gehen von einer ganzheitlichen Betrachtung des Aufbaues und der Planung flexibler Fertigungssysteme aus. Während in /7/ die Aufgaben der Werkstückbearbeitung und deren Lösung durch hochautomatisierte Fertigungskonzepte im Vordergrund stehen, ist in /8/ der Schwerpunkt auf die Methodik der Planung, Entwicklung und Realisierung flexibler Fertigungssysteme gelegt. Zum Beurteilen neuer Fertigungskonzepte wird hier u. a. die Methode der Simulation von Fertigungsprozessen und -abläufen herangezogen.

Materialflußprobleme in flexiblen Fertigungssystemen behandeln die Arbeiten /9...13/ mit unterschiedlicher Zielsetzung. Als Hilfsmittel zur Entwicklung und Analyse der Prozeßsteuerung in flexiblen Fertigungssystemen wird in /9/ die Echtzeit-Prozeßsimulation eingesetzt und mit dieser Methode auch die Gestaltung und Organisation des Informationsflusses zur Materialflußsteuerung untersucht.

Die Darstellung von Verkettungsstrukturen mit Hilfe der morphologischen Methode und die Bewertung alternativer Verkettungsstrukturen mit der Methode der Nutzwertanalyse erfolgt in /10/. Es wird jedoch eine Beschränkung auf Strukturprinzipien und auf losweise Fertigung vorgenommen. Auf die technische Ausführung und Einsatzeigenschaften verschiedener Verkettungseinrichtungen wird dabei nicht eingegangen.

Eine weitergehende allgemeine Untersuchung von Materialflußstrukturen zur Optimierung des Systemaufbaus und des Fertigungsablaufes unter Anwendung der digitalen Simulation ist in /11/ veröffentlicht. Ebenfalls mit Simulationsmethoden wird in /12/ am Beispiel eines speziellen Aufgabenfalles, der Modellanlage des Sonderforschungsbereiches 155 der Universität Stuttgart, die Planung und Auslegung des Materialflusses flexibler Fertigungssysteme untersucht. Die Arbeit spezialisiert sich auf das Zeitverhalten von Fertigungssystemen zur Bearbeitung prismatischer Werkstücke, wobei jedoch auch allgemeingültige Grundlagen abgeleitet werden.

Die bisher genannten Arbeiten befassen sich vorwiegend mit der Materialflußstruktur bzw. dem Informationsfluß; der technische Aufbau bzw. die Eigenschaften von Verkettungseinrichtungen bleiben weitgehend unberücksichtigt. Nur in /13/ wird auch die konstruktive Ausführung und Auswahl von Werkstückwechseleinrichtungen für Rotationsteile in die Arbeit mit einbezogen und somit auch die technische Gestaltung des Materialflusses in Fertigungssystemen von der konstruktiven Aufgabenstellung her berücksichtigt.

In /14/ wurde der technische Aufbau und die Flexibilität von programmierbaren Handhabungsgeräten (PHG) bzw. Industrierobotern untersucht und in /15/ die systematische Auswahl und Konzipierung solcher Geräte behandelt. Diese Arbeiten sind zwar nicht unmittelbar für das Problemfeld "Flexibles Fertigungssystem" durchgeführt worden; die Ergebnisse lassen sich jedoch weitgehend auf dieses Problemfeld übertragen. Die Arbeiten /13,14,15/ liefern wesentliche Beiträge zum Einsatz von vorwiegend für Rotationsteile geeigneten Greifarmgeräten wie z.B. Industrieroboter oder Ladeportale in flexiblen Fertigungssystemen; solche Geräte stellen jedoch nur eine partikuläre technische Lösungsmöglichkeit für Werkstückflußaufgaben in flexiblen Fertigungssystemen dar. Eine allgemeingültige Untersuchung über Auswahl und Entwicklung von Verkettungseinrichtungen für die Gestaltung des Materialflusses flexibler Fertigungssysteme, wie sie in dieser Arbeit durchgeführt wird, ist derzeit nicht bekannt.

Methodische Hilfen zum Lösen dieser Aufgabe sind in /16,17/ zu finden; sie sind auf flexible Fertigungssysteme jedoch nur in sehr begrenztem Maße übertragbar. In /16/ wurde eine Methode zur Zuordnung von Fördermitteln und innerbetrieblicher Transportaufgabe erarbeitet. Die Einschränkung hinsichtlich der Übertragbarkeit ergibt sich hier aufgrund des Einsatzbereiches im innerbetrieblichen Transport mit z.T. anderen Aufgabenbedingungen und der Begrenzung auf marktgängige Fördermittel. In flexiblen Fertigungssystemen sind jedoch auch noch Speicher- und Werkstück- bzw. Werkzeugwechselfunktionen mit automatisierten Einrichtungen auszuführen. Ferner muß bei der Realisierung von flexiblen Fertigungssystemen davon ausgegangen werden, daß nicht für alle Aufgaben auch optimal geeignete Einrichtungen auf dem Markt verfügbar sind und daher Neu- bzw. Anpaßkonstruktionen erforderlich sind. Es ist deshalb wünschenswert, daß neben konkreten marktgängigen Einrichtungen auch konstruktive Sonderlösungen bzw. Prinziplösungen für den Lösungsprozeß bei Entwicklungsaufgaben vorliegen.

Die begrenzte Übertragbarkeit der in /17/ beschriebenen Methode zur rechnerunterstützten Auswahl von Förderhilfsmitteln ist im untersuchten Objekt, nämlich dem Förderhilfsmittel, für den innerbetrieblichen Materialfluß begründet. In flexiblen Fertigungssystemen werden i. a. speziell auf das jeweilige Werkstückspektrum und den jeweiligen Bearbeitungsanforderungen zugeschnittene Verkettungshilfsmittel bzw. Werkstückträger eingesetzt. Dies ist immer dann notwendig, wenn die im innerbetrieblichen Materialfluß verwendeten Förderhilfsmittel wie z.B. Flachpaletten oder Gitterboxpaletten ohne besondere Maßnahmen ungeeignet sind für den Einsatz in flexiblen Fertigungssystemen.

1.2 Zielsetzung und Aufgabenstellung

Die bisher zur Materialflußgestaltung in flexiblen Fertigungssystemen durchgeführten Arbeiten befaßten sich im wesentlichen mit dem Problem der Strukturgestaltung und Ablaufsimulation. Dabei wurde die technische Ausführung der Verkettungseinrichtungen entweder vernachlässigt oder es wurden bestimmte Einrichtungen und Kennwerte vorausgesetzt.

Zum Aufbau von flexiblen Fertigungssystemen sind Untersuchungen zur Struktur und zum Zeitverhalten des Materialflusses zwar eine notwendige Voraussetzung, jedoch nicht hinreichend, da die Ergebnisse solcher Untersuchungen noch technisch zu realisieren sind, d.h., daß erst nach Auswahl und Entwicklung funktionsfähiger Verkettungseinrichtungen das System auch erstellt werden kann. Deshalb besteht das Ziel dieser Arbeit darin, insbesondere zum Problem der Auswahl und Entwicklung von Verkettungseinrichtungen einen Beitrag durch das Lösen bestimmter Teilaufgaben zu leisten. Diese Teilaufgaben sind
- das Aufzeigen der technischen Lösungsmöglichkeiten
- das Untersuchen der Einsatzbedingungen für Verkettungseinrichtungen in flexiblen Fertigungssystemen und
- das Ermitteln der technisch und kostenmäßig günstigen Einsatzbereiche von Verkettungseinrichtungen.

Flexible Fertigungssysteme sind hochautomatisierte kapitalintensive Investitionen mit deren Einführung sowohl für den Anwender bzw. Planer als auch für den Hersteller bzw. Entwickler relativ hohe technische und wirtschaftliche Risiken verbunden sind.

Deshalb ist die Auswahl und Entwicklung von Verkettungseinrichtungen sowohl unter Anwender- als auch unter Herstellergesichtspunkten zu untersuchen. Dieser Zielsetzung entsprechend muß bei der Bearbeitung der obengenannten Aufgaben die Darstellung der technischen und wirtschaftlichen Zusammenhänge so erfolgen, daß sich daraus methodische Hilfsmittel zum Verbessern der Planungsprozesse aber auch technische Lösungen zum Verbessern der Einsatzeigenschaften von Verkettungseinrichtungen in flexiblen Fertigungssystemen ableiten lassen.

1.3 Vorgehensweise

Wie in Bild 2 im unteren Teil angedeutet, werden ausgehend von der Betrachtung des Materialflusses als Teilsystem von Fertigungssystemen (Kapitel 2) die Verkettungseinrichtungen und -funktionen analysiert (Kapitel 3). Für flexible Fertigungssysteme sind dabei die im oberen Teil hervorgehobenen Randbedingungen zu berücksichtigen. Als Hilfsmittel zur Materialflußplanung wird im nächsten Schritt eine Methode zur Auswahl von Verkettungseinrichtungen erarbeitet (Kapitel 4). Für spezielle Anforderungen in Fertigungssystemen wird in einem weiteren Schritt eine konstruktive Lösung als Beitrag zur Materialflußoptimierung entwickelt und untersucht (Kapitel 5).

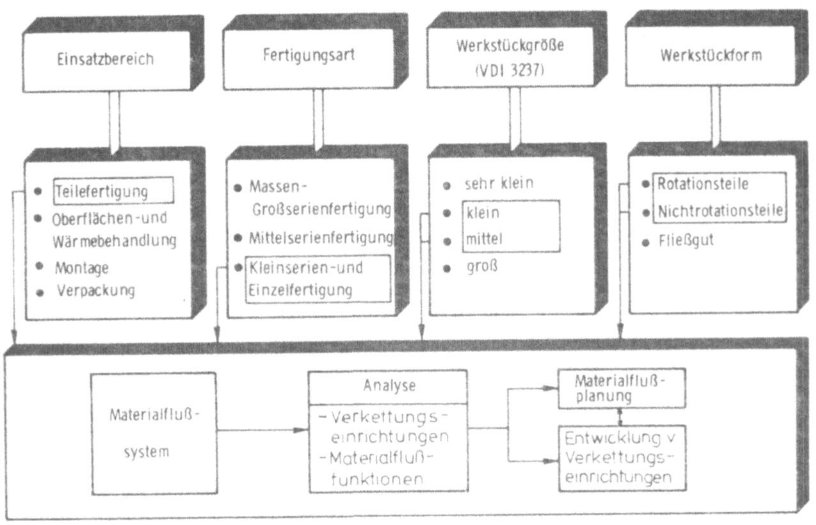

Bild 2: Randbedingungen der Aufgabenstellung und Vorgehensweise

2 Materialfluß als Teilsystem von Fertigungssystemen

2.1 Systemtechnische Betrachtung des Materialflußsystems

Aus systemtechnischer Sicht ist das Materialflußsystem ein Teilsystem des übergeordneten Fertigungssystemes (Bild 3). Ferner existieren weitere, dem Materialfluß gleichgeordnete Teilsysteme wie z.B. das Arbeitssystem oder das Werkstück-Meß-und Prüfsystem, die in Bild 4 am Beispiel eines ausgeführten Systemes dargestellt sind.

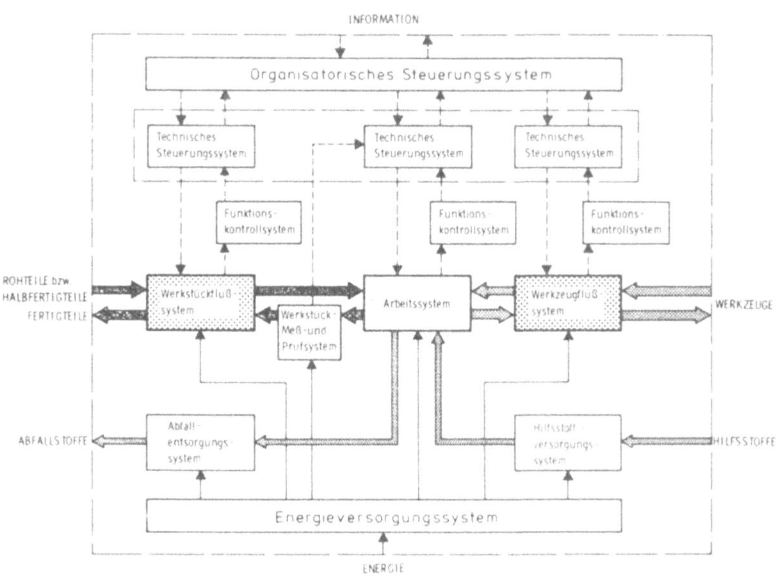

Bild 3: Die Teilsysteme eines Fertigungssystemes /10/

Das im Hilfsstofffluß (z.B. Kühlmittelversorgung) und Abfallstofffluß (z.B. Späneentsorgung) bewegte Material hat i.a. keine definierte Gestalt. Die gemeinsamen Merkmale von Werkstückfluß und Werkzeugfluß sind die definierte Gestalt der Werkstücke und Werkzeuge und die ähnliche Funktionsstruktur. Werkstücke oder Werkzeuge unterliegen während des Systemdurchlaufes Orts- und Lageveränderungen (Fördern, Werkstück-/Werkzeugwechsel), zeitüberbrückenden Vorgängen (Speichern) sowie Maßnahmen zur Lagesicherung in den Arbeitsstationen (Bestimmen und Spannen) /20/.

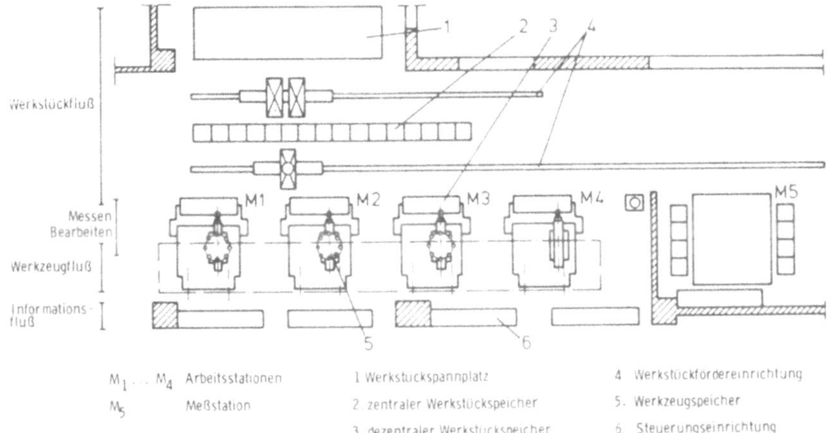

Bild 4: Grundriß der Modellanlage des Sonderforschungsbereiches 155 der Deutschen Forschungsgemeinschaft /12/

Beschränkt man die Betrachtungen auf das Werkstückflußsystem, so teilt sich dieses wiederum auf in Teilsysteme niederer Ordnung. Nach funktionalen Gesichtspunkten abgegrenzt sind diese Teilsysteme

- das Werkstückfördersystem
- das Werkstückspeichersystem
- das Werkstückwechselsystem und
- das Werkstückbestimm- und spannsystem.

Die Funktion "Bestimmen und Spannen" steht funktional in engem Zusammenhang mit den Bearbeitungsvorgängen der Arbeitsstationen. Sie wird deshalb als Funktion der Arbeitsstation bzw. vorgelagerte Funktion (Aufspannen von Werkstücken auf Werkstückträger) hier nicht untersucht.

2.2 Anforderungen an das Werkstückflußsystem in flexiblen Fertigungssystemen

Das Werkstückflußsystem hat die Aufgabe, Werkstücke bzw. Werkstoffe zeit-, mengen-, lage- und zielrichtig zu den Arbeitsstationen zu bringen und wieder abzuführen. Zur selbsttätigen Komplettbearbeitung werden dabei an das Werkstückflußsystem die in Bild 5 aufgeführten Grundanforderungen gestellt.

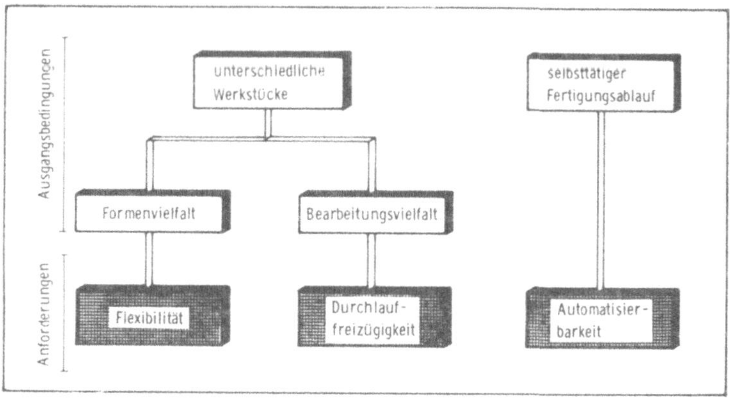

Bild 5: Anforderungen an das Werkstückflußsystem in Fertigungssystemen

In verketteten Fertigungslinien, die von der Großserienfertigung her, z.B. in Form von Transferstraßen, bekannt sind, ist der automatisierte Ablauf bereits realisiert. Bei flexiblen Fertigungssystemen müssen darüberhinaus zusätzliche Forderungen bezüglich der Flexibilität und der Durchlauffreizügigkeit erfüllt sein.

2.2.1 Flexibilität von Werkstückflußsystemen

2.2.1.1 Flexibilität als Kriterium zur Systembewertung

Wie in /10/ festgestellt, wird der Begriff "Flexibilität" in unterschiedlichen Zusammenhängen gebraucht.
Flexibilität ist hier zu verstehen als die Fähigkeit eines technischen Systemes, Aufgaben mit variablen Parametern zu bewältigen. Für den Werkstückfluß in Fertigungssystemen bestehen diese variablen Parameter in der unterschiedlichen Werkstückgeometrie und in verschiedenen räumlichen und zeitlichen Bewe-

gungsabläufen. Beurteilen läßt sich die Flexibilität nach den in Bild 6 aufgeführten Kriterien.

Kriterium	Erläuterung
Umrüstausführung	selbsttätig manuell
Umrüsttätigkeit	Einstellen Auswechseln Umbauen
Umrüstbereich	Abstand zwischen oberer und unterer Grenze der Anpassungsfähigkeit
Umrüststufen	stetiges-unstetiges Verändern zwischen den Umrüstgrenzen
Umrüstzeit	benötigte Zeitspanne zum Umrüsten
Umrüstkosten	Kostenaufwand zum Umrüsten
Einsatzbereich	Anteil der Arbeitsmöglichkeiten innerhalb eines Aufgabenspektrums
Umrüstwahrscheinlichkeit	Wahrscheinlichkeit, mit der ein System für eine veränderte Aufgabe umgerüstet werden muß

Bild 6: Kriterien zur Beurteilung der Flexibilität von Verkettungseinrichtungen

2.2.1.2 Gerätetechnische Realisierung flexibler Verkettungseinrichtungen

Werkstückspektren mit unterschiedlicher Werkstückgeometrie erfordern das Anpassen der Verkettungseinrichtungen an die Kontaktflächen des Werkstückes. Die Kontaktflächen sind durch die zugänglichen Außen- und Innenflächen des Werkstückes vorgegeben.

Bei Rotationsteilen läßt sich deren Rotationssymmetrie z.B. zur Gestaltung von Greifern ausnutzen. Schwieriger ist die Handhabung von prismatischen Teilen. Da hier ein bestimmendes Formgesetz fehlt, können die Werkstücke jede beliebige Querschnittsform annehmen.

Lösungsmöglichkeiten zum Erhöhen der Flexibilität ergeben sich durch:

- Einrichtungen, die sich den unterschiedlichen Werkstücken selbsttätig (z.B. elastisch, plastisch) oder gesteuert anpassen.
- Werkstücke, die so gestaltet sind, daß sie trotz unterschiedlicher Größe und Form in gleicher Weise angeordnete Kontaktflächen oder Kontaktstellen besitzen, z.B. angegossene Flächen, vorbearbeitete Flächen usw.
- Verkettungshilfsmittel z.B. transportable Werkstückmagazine und Werkstückträgern, die relativ zu den Verkettungseinrichtungen eine einheitliche Gestalt besitzen und anpassungsfähig gegenüber den Werkstücken sind.

Flexible Einrichtungen befinden sich zur Zeit in Verbindung mit programmierbaren Handhabungsgeräten (Industrierobotern) /18,19/ und frei positionierbaren Bestimm- und Spanneinrichtungen /20/ in der Entwicklungsphase.
Werkstücke mit einheitlichen Kontaktstellen bieten sich nur in Sonderfällen an. Das automatisierungsgerechte Gestalten von Werkstücken ist in den Richtlinien VDI 3237 /21/ und VDI 3238 /22/ niedergelegt. Die darin enthaltenen Hinweise und Voraussetzungen sind auch auf Anwendungsfälle in flexiblen Fertigungssystemen übertragbar.
Bei bisher realisierten Systemen setzte sich der Einsatz von Verkettungshilfsmitteln und Werkstückträgern durch. Sie dienen zur Aufnahme von unterschiedlich geformten und/oder empfindlichen Werkstücken. Ferner sind sie durch Codierungsmöglichkeiten als Informationsträger z.B. zur Identifikation von Werkstücken einsetzbar. Die Unterscheidung von Verkettungshilfsmitteln und Werkstückträgern erfolgt nach dem Funktionsumfang. Verkettungshilfsmittel werden nur für die Vorgänge außerhalb des Arbeitsraumes der Arbeitsstationen benützt. Sie übernehmen während der Bearbeitung keine Funktion. Werkstückträger werden dagegen als Hilfsmittel für Verkettungs- und Bearbeitungsvorgänge eingesetzt. Sie übernehmen bei der Bearbeitung i.a. die Bestimm- und Spannfunktion.

2.2.2 Durchlauffreizügigkeit in flexiblen Fertigungssystemen

Im Gegensatz zu Systemen mit starr oder lose verketteten Arbeitsstationen bedingt die Bearbeitungsvielfalt in flexiblen Fertigungssystemen variable Bearbeitungsfolgen und variable Belegungszeiten (Bild 7). Da dann kein einheitlich gesteuerter Zyklus des Werkstückdurchlaufes möglich ist, muß die Maschinenbelegung der aktuellen Bedarfssituation entsprechend organisiert werden.

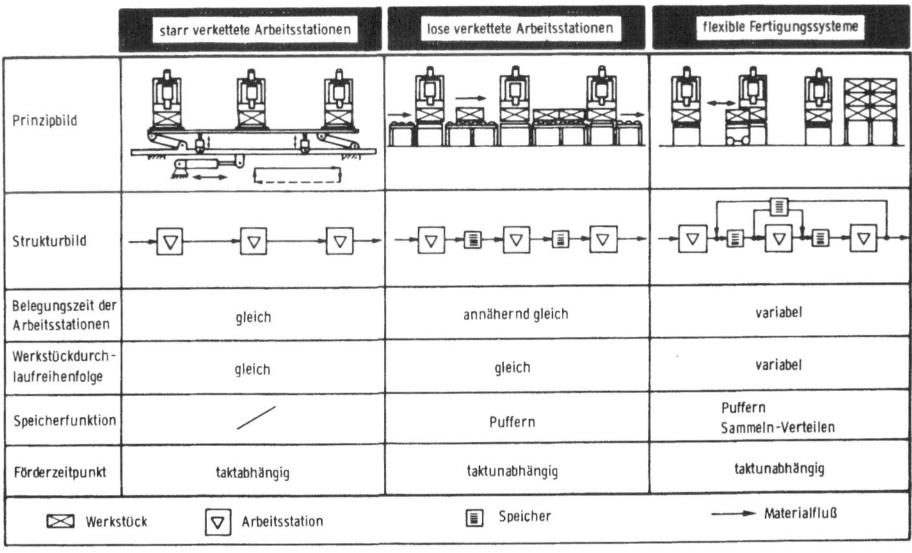

	starr verkettete Arbeitsstationen	lose verkettete Arbeitsstationen	flexible Fertigungssysteme
Prinzipbild			
Strukturbild			
Belegungszeit der Arbeitsstationen	gleich	annähernd gleich	variabel
Werkstückdurchlaufreihenfolge	gleich	gleich	variabel
Speicherfunktion	/	Puffern	Puffern Sammeln-Verteilen
Förderzeitpunkt	taktabhängig	taktunabhängig	taktunabhängig

Bild 7: Werkstückdurchlauf bei verketteten Arbeitsstationen

Die Kapazitäts-, Termin- und Belegungsplanung sowie die Steuerung des Werkstückdurchlaufes durch das Fertigungssystem ist Aufgabe der organisatorischen Steuerung. Das Werkstückflußsystem hat die Aufgabe, entsprechend der Vorgabe der organisatorischen Steuerung die Arbeitsstationen zu ver- und entsorgen. Legt man variable Bearbeitungsfolgen und variable Belegungszeiten zugrunde, muß das Werkstückflußsystem die räumlich und zeitlich wahlfreie Zuordnung von Werkstücken und Arbeitsstationen ermöglichen.

Die Förderbeziehungen zwischen den Maschinen lassen sich in Form von Matrizen darstellen. Ein anderes formales Modell der räumlichen Struktur wurde in /23/ entwickelt. Es handelt sich um eine Kennzahl, die die Verknüpfung der Maschinen untereinander ausdrückt. Diese Beziehungszahl wird Kooperationsgrad genannt. Mit dem Kooperationsgrad $\varkappa$ wird die mittlere Anzahl von Maschinen oder Arbeitsplätzen bezeichnet, mit denen eine Maschine oder ein Arbeitsplatz aufgrund des Teiledurchlaufs unmittelbar verbunden ist. Er kann für eine bestimmte Produktionseinheit wie folgt berechnet werden:

$$\varkappa = \frac{\sum_{i=1}^{m} k_i}{n_{AS}} \tag{2.1}$$

mit

k_i Anzahl der Maschinen, mit denen Maschine i unmittelbar in Verbindung steht (kooperiert)

n_{AS} Anzahl der Maschinen in der betrachteten Produktionseinheit

Unter einer Produktionseinheit wird nach /23/ ein strukturell in sich geschlossener Abschnitt der Fertigung verstanden, in dem für ein bestimmtes Teileprogramm mindestens 75% aller Arbeitsgänge zur spanenden Bearbeitung konzentriert sind, wie dies z.B. auch für flexible Fertigungssysteme zutrifft.

Der Kooperationsgrad ist eine Durchschnittsgröße und gibt den Mittelwert der Verbindungen der Arbeitsstation an. Materialflußmengen und -richtungen werden nicht berücksichtigt.

Der Kooperationsgrad ist eine allgemeine Zahl, die die Anwendung sämtlicher dafür geltender Rechenregeln erlaubt, dagegen lassen Matrizen mathematische Operationen nur im Rahmen spezieller Rechengesetze zu. Deshalb kann der Kooperationsgrad als eine geeignete Kennzahl für die geforderte Durchlauffreizügigkeit in einem System betrachtet werden.

3 Analyse des Materialflusses in flexiblen Fertigungssystemen

3.1 Werkstückflußkosten und Wirtschaftlichkeit von Verkettungseinrichtungen

Die Automatisierung des Werkstückwechsels bei einzelnen Fertigungsmitteln mit Speichern (z.B. Werkstückmagazinen) und Werkstückwechseleinrichtungen wird bereits in der Kleinserienfertigung, insbesondere bei NC-Maschinen, mit wirtschaftlichem Erfolg durchgeführt. Es muß jedoch auch Klarheit über die Kosten bestehen, die in der Werkstattfertigung für den Werkstückfluß zwischen den Fertigungsmitteln entstehen; erst dann ist die Beurteilung der Wirtschaftlichkeit von Verkettungseinrichtungen möglich. Allgemein verbindliche Kostengrößen lassen sich nicht angeben, da diese vom Einzelfall abhängen. Deshalb sollen, wie dies in den nächsten Abschnitten geschieht, Qantifizierungsansätze zur Kostenermittlung formuliert werden.

Zur allgemeinen Darstellbarkeit werden die Werkstückflußkosten auf eine Arbeitsstation für eine Zeitspanne von einer Stunde bezogen.

3.1.1 Kosten für den Werkstücktransport zwischen den Arbeitsstationen

Die Transportkosten K_{TH} je Stunde ergeben sich aus dem Produkt der Transportkosten K_T je Transport mit der Anzahl der Transporte I_F je Stunde.

(3.1) $$K_{TH} = K_T \cdot I_F \qquad \text{in DM/h}$$

Die Kosten K_T je Transportvorgang (TE) setzen sich zusammen aus dem Kostensatz K_{FM} in DM/h für das verwendete Fördermittel und den Lohnkosten K_{LH} in DM/h jeweils für die Ausführungszeit T_T eines Transportauftrages.

(3.2) $$K_T = (K_{FM} + K_{LH}) \cdot T_T \qquad \text{in DM}$$

Die Anzahl der Transporte je Stunde (Transporthäufigkeit) hängt ab vom Förderbedarf, der bestimmt ist durch die Produktionsleistung der Arbeitsstation und der Ladefähigkeit der Fördereinrichtung (Transportlosgröße).

(3.3) $$I_F = \frac{1}{T_{AS}} \cdot \frac{m_{WS}}{m_{TE\ max}} \quad \text{in } 1/h$$

wenn die max. Ladefähigkeit $m_{TE\ max}$ der Fördereinrichtung durch die Werkstückmasse m_{WS} begrenzt ist bzw.

(3.4) $$I_F = \frac{1}{T_{AS}} \cdot \frac{V_{WS}}{V_{TE\ max}} \quad \text{in } 1/h$$

wenn das max. Transportvolumen $V_{TE\ max}$ der Fördereinrichtung durch das Werkstückvolumen V_{WS} begrenzt ist.

Der Förderbedarf erhöht sich mit abnehmender Takt-/bzw. Belegungszeit T_{AS} der Arbeitsstation, d.h., die je Zeiteinheit zu transportierende Werkstückmenge nimmt zu. Die Ladefähigkeit des Fördermittels ist durch die Werkstückmasse bzw. durch das Werkstückvolumen begrenzt. Ein Zahlenbeispiel für die Förderhäufigkeit je Stunde, das praktischen Verhältnissen entspricht, ist in Bild 8 dargestellt. Es wird hierbei eine maximale Ladefähigkeit von 300 kg bzw. 800 dm^3 vorausgesetzt. Mit zunehmender Werkstückmasse bzw. -volumen nimmt die Werkstückmenge je Transport (Transportlosgröße) ab; entsprechend häufiger müssen die Fördervorgänge erfolgen.

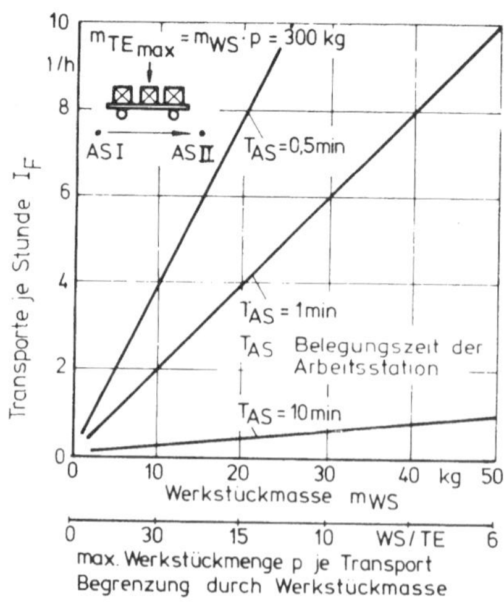

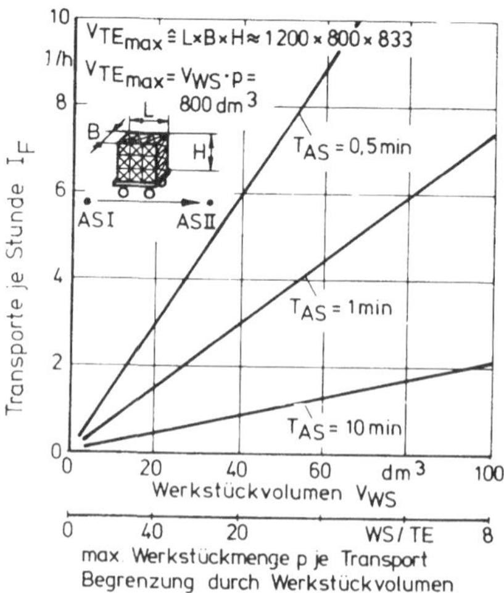

Bild 8: Anzahl erforderlicher Transportvorgänge zwischen zwei Arbeitsstationen bei definierter Ladefähigkeit des Fördermittels

Die Werkstückmenge p je Transport ist

$$(3.5) \qquad p = \frac{m_{TE\ max}}{m_{WS}}$$

bzw.

$$(3.6) \qquad p = \frac{V_{TE\ max}}{V_{WS}}$$

Mit diesen Größen ergibt sich als Kostenformel für die Transportkosten je Stunde

$$(3.7) \qquad K_{TH} = (K_{FM} + K_{LH}) \cdot T_T \cdot \frac{1}{T_{AS} \cdot p} \qquad \text{in DM/h}$$

Wenn die Fördermittelkosten und Lohnkosten vorgegeben sind, erhöhen sich die Transportkosten

- bei schwierigen Transportbedingungen (zunehmender Transportzeit)
- bei abnehmenden Taktzeiten der Arbeitsstation und
- bei zunehmendem Werkstückgewicht bzw. -volumen.

Mit Verkettungseinrichtungen kann bedingt die Transportzeit beeinflußt werden. Wesentliche Kostenverringerungen sind jedoch nur dann möglich, wenn die Lohnkosteneinsparungen höher sind als die zusätzlichen Kosten für Verkettungseinrichtungen.

3.1.2 Zwischenlager-, Kapitalbindungs- und Flächenkosten

In einer Erhebung in sieben Betrieben mit losgebundener Fertigung wurden im Durchschnitt folgende Durchlaufzeitanteile ermittelt /24/:

Durchführungszeit	33,7%	(Bearbeiten und Rüsten)
Liegezeit	65,8%	
Transportzeit	1,8%	

Zu ähnlichen Ergebnissen kamen auch andere Untersuchungen /25,8/. Vom Werkstückfluß her lassen sich nur die Liege- und Transportzeiten beeinflussen. Wesentliche Bedeutung hat die Liegezeit der Werkstücke, da diese die Zwischenlagermengen (Bild 9) und somit die Zwischenlagerkosten K_{ZH} und die Kapitalbindungskosten K_{KH} am stärksten erhöhen.

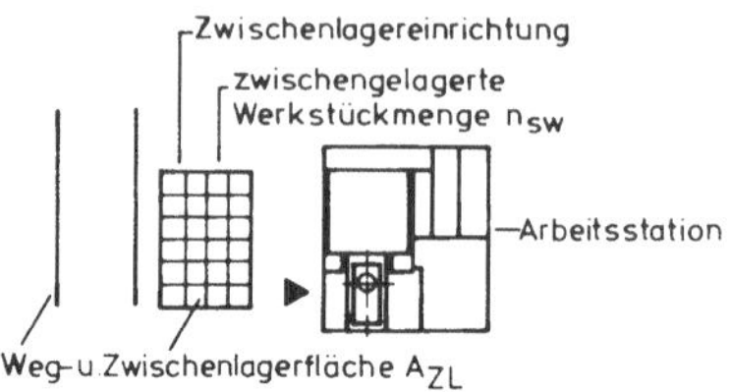

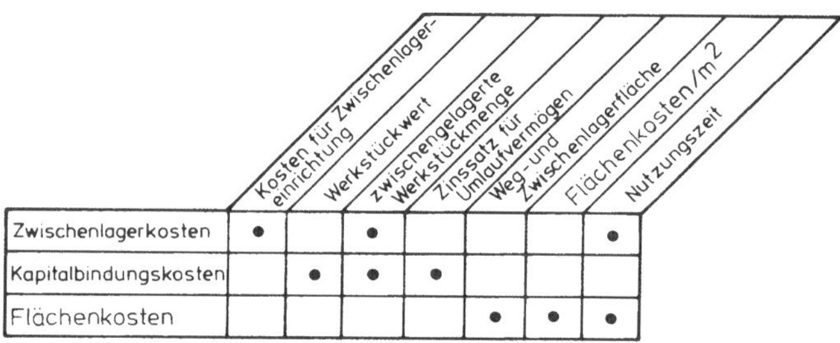

Bild 9: Einflußgrößen für Zwischenlager-, Kapitalbindungs- und Flächenkosten

Die stündlichen Kapitalbindungskosten K_{KH} für Werkstücke je Arbeitsstation sind

(3.8) $$K_{KH} = \frac{K_{WS} \cdot n_{SW} \cdot p_z}{100 \cdot 8760}$$ in DM/h

mit

K_{WS}	tatsächlicher Werkstückwert an der Arbeitsstation	in DM
n_{SW}	Werkstückmenge (i.a. als Durchschnittswert) an der Arbeitsstation	
p_z	Zinssatz für Umlaufvermögen	in %

Nach dieser Formel steigen die Kapitalbindungskosten
- bei höherem Werkstückwert,
- bei großen Zwischenlagermengen und
- bei höherem Kapitalzins für Umlaufvermögen.

Vom Werkstückfluß verursachte Flächenkosten K_{RH} entstehen für Weg- und Zwischenlagerflächen

(3.9) $$K_{RH} = \frac{A_{ZL} \cdot K_R}{T_N}$$ in DM/h

mit

A_{ZL}	Weg-und Zwischenlagerfläche	in m^2
K_R	Jährliche Flächenkosten	in DM/m^2
T_N	Jährliche Nutzungszeit	in h

Da die Werkstücke in unterschiedlicher Weise transportiert und an der Arbeitsstation gelagert werden können, muß der Flächenbedarf fallweise ermittelt werden. Die Flächenkosten steigen an bei

- höheren Raumkosten je Grundflächeneinheit und bei
- geringerer zeitlichen Nutzung der Grundflächen.

Mit dem Einsatz von Verkettungseinrichtungen muß insbesondere die Zwischenlagermenge verringert werden, damit als Folge die Kapitalbindung und der Raumbedarf sinkt.

3.1.3 Werkstückwechselkosten

Die Werkstückwechselkosten K_{WH} lassen sich errechnen nach:

(3.10) $$K_{WH} = (K_{WM} + K_{LH}) \cdot \frac{\gamma}{100}$$ in DM/h

mit

K_{WM}	Kostensatz für Hilfsmittel z.B. Kran, Manipulator etc.	in DM/h
K_{LH}	Lohnkostensatz	in DM/h
γ	Zeitanteil für Werkstückwechselaufgaben an der Arbeitsstation	in %

Hier gilt, daß sich der Zeitanteil für Werkstückwechselaufgaben bei
- abnehmenden Takt-/Belegungszeiten,
- schwierigen Werkstückwechselbedingungen (z.B. schwere Werkstücke, komplexe Spannvorgänge etc.)

erhöht.

Analog zur Automatisierung der Transportvorgänge sind Kostenverringerungen dann möglich, wenn die Lohnkosten gesenkt werden können. Entscheidend ist auch die erhöhte Nutzung der Arbeitsstationen und die damit verbundene höhere Ausbringung, wenn sich die Werkstückwechselzeiten verkürzen.

3.1.4 Durch Nutzungsverluste der Fertigungsmittel verursachte Kosten

Kosten für werkstückflußbedingte Nutzungsverluste K_{MNH} entstehen durch
1. zu geringe Einsatzzeit; wenn vollautomatisierte Fertigungsmittel z.B. aus Personalgründen nicht im 3-Schichtbetrieb genutzt werden,
2. werkstückflußbedingte Stillstandszeiten infolge
   - langer Werkstückwechselzeiten
   - organisatorischer Mängel im Werkstückfluß und
   - persönlicher und sachlicher Verteilzeiten des Personals.

Durch den Einsatz im Mehrschichtbetrieb verringern sich die Maschinenstundensätze (Bild 10). So rechtfertigt z.T. bereits die bessere Nutzung von Fertigungsmitteln im Mehrschichtbetrieb die Aufwendungen zur Automatisierung des Werkstückflusses, wenn dadurch weniger Bedienpersonal für Schichtarbeit erforderlich ist.

Nach Untersuchungen in /24/ und /25/ liegen in der Praxis die werkstücktransportbedingten Wartezeiten von Fertigungsmitteln durchschnittlich in einem Bereich zwischen 1% und 6%. Hinzu kommen noch die Nutzungsverluste durch zu lange Werkstückwechsel- und Wartezeiten.

	geringe Einsatzzeiten			werkstückflußbedingte Stillstandszeiten		
Investitions-kosten DM	Maschinenstundensatz DM/h			Kosten für Nutzungsausfälle (bei 2-Schichtbetrieb) DM/h		
	1-Schichtb.	2-Schichtb.	3-Schichtb.	1 %	3%	6 %
100000.-	15.85	9.88	9.18	0.10	0.29	0.59
500000.-	71.78	45.60	43.45	0.46	1.37	2.74
1000000.-	141.56	90.32	86.25	0.90	2.71	5.42

Bild 10: Nutzungsabhängige Kosten von Fertigungsmitteln

Wie Bild 10 zeigt, können durch die bessere Nutzung der Fertigungsmittel beträchtliche Reserven für Kostensenkungen ausgeschöpft werden, die umso größer sind, je

- höher die Arbeitsplatzkosten für die Fertigungsmittel liegen, je
- weiter die Betriebszeit erhöht wird und
- umso besser die Fertigungsmittel während der Betriebszeit genutzt werden.

3.1.5 Wirtschaftlichkeitsbedingte Einsatzbereiche für Verkettungseinrichtungen

Die Werkstückflußkosten lassen sich in die folgenden Kostenanteile aufgliedern:

1. Transportkosten K_{TH}
2. Zwischenlagerkosten K_{ZH}
3. Werkstückwechselkosten K_{WH}
4. Flächenkosten K_{RH}
5. Kapitalbindungskosten K_{KH}
6. Kosten für werkstückflußbedingte Nutzungsverluste der Fertigungsmittel K_{MNH}
7. Sonstige werkstückflußbedingte Kosten (z.B. Werkstückbeschädigungen) K_{SH}

Die Werkstückflußkosten können demnach in folgende Formel gefaßt werden

(3.11) $K_{WF} = K_{TH} + K_{ZH} + K_{WH} + K_{RH} + K_{KH} + K_{MNH} + K_{SH}$ in DM/h

Die Zusammenfassung der vorausgehenden Kostenuntersuchungen zeigt, daß die Werkstückflußkosten zunehmen bei folgenden Kriterien:

- kleinen Taktzeiten
- großen Werkstückmassen bzw. -volumen
- hohem Werkstückwert
- großen Zwischenlagermengen
- mehrstufiger Fertigung
- hohem Kapitalzins für Umlaufvermögen
- hohen Flächenkosten je Einheit
- geringer Betriebszeit z.B. nur 1-Schichtbetrieb
- hohen Arbeitsplatzkosten der Fertigungsmittel

Die genannten Kriterien bilden auch die Anhaltspunkte für den wirtschaftlichen Einsatz von Verkettungseinrichtungen. Durch die Werkstückflußautomatisierung wird die Höhe der Kostenanteile verändert. Die Flächenkosten, Kapitalbindungskosten und Kosten durch Nutzungsverluste der Fertigungsmittel verringern sich in der Regel. Unbestimmt sind die Kostenveränderungen bei den Transport-, Zwischenlager- und Werkstückwechselkosten. Die zusätzlichen Kosten für die Verkettungseinrichtungen können die eingesparten Lohnkosten übertreffen. Da jedoch die gesamten Werkstückflußkosten entscheidend sind, würde eine Investitionsentscheidung nur aufgrund eingesparter Lohnkosten zu einem falschen Ergebnis führen. Deshalb ist die Summe aller Kostenbestandteile vor und nach der Automatisierung zu berücksichtigen.

In einer Kostenvergleichsrechnung /26/ müssen daher alle genannten Kostenbestandteile untersucht und die realen Einsparungen K_{WFE} bei den Werkstückflußkosten ermittelt werden. Als Hilfsmittel für Investitionsentscheidungen wird in der Praxis häufig die Amortisationsrechnung eingesetzt. Für bestimmte Amortisationszeiten lassen sich, wie in <u>Bild 11</u> gezeigt, die Grenzinvestitionskosten angeben.

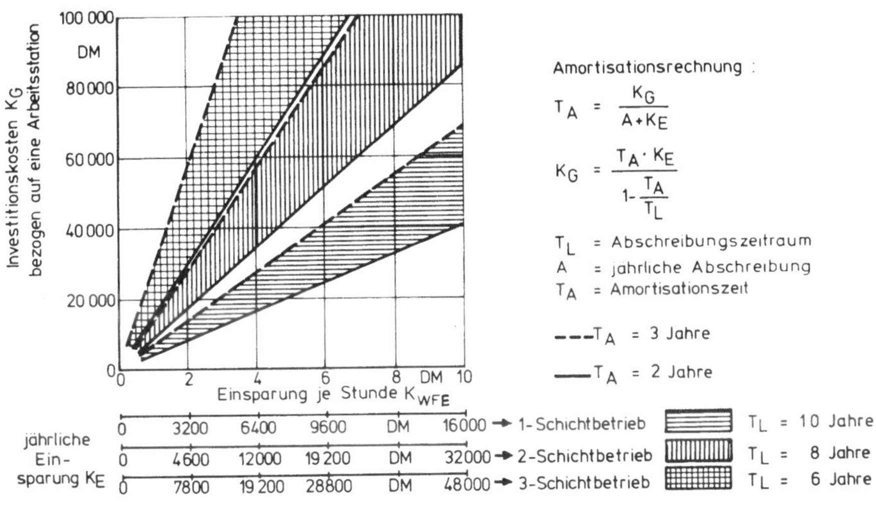

Bild 11: Grenzinvestitionskosten für den wirtschaftlichen Einsatz von Verkettungseinrichtungen

Das Bild 11 gibt die Grenzinvestitionskosten für Verkettungseinrichtungen bezogen auf eine Arbeitsstation an, wobei die Einsparungen je Arbeitsstation und die vorgegebenen Amortisationszeiten für Ein- oder Mehrschichtbetrieb berücksichtigt sind. Es vermittelt die Größenordnung in der sich die Investitionskosten für Verkettungseinrichtungen bewegen und die kostenbedingten Einsatzgrenzen. Zum Zwecke der Kostenminimierung werden die Kosten für Verkettungseinrichtungen in den Kapiteln 3.4 bis 3.6 noch näher untersucht.

3.2 Verkettungsstruktur

Unter der Verkettungsstruktur ist nach /10/ die Gesamtheit der technischen Einrichtungen zu verstehen, die einen automatischen Werkstückfluß ermöglichen und ihre relative Anordnung.

3.2.1 Werkstückbearbeitung in flexiblen Fertigungssystemen

Die Anzahl der Bearbeitungsstufen je Werkstück beeinflußt die erforderliche Förderkapazität und den Werkstückdurchlauf im

System. Dieser Sachverhalt ist deshalb von großer Bedeutung, weil hier ein direkter Zusammenhang zwischen der Bearbeitungstechnologie und dem Werkstückfluß existiert (Bild 12).

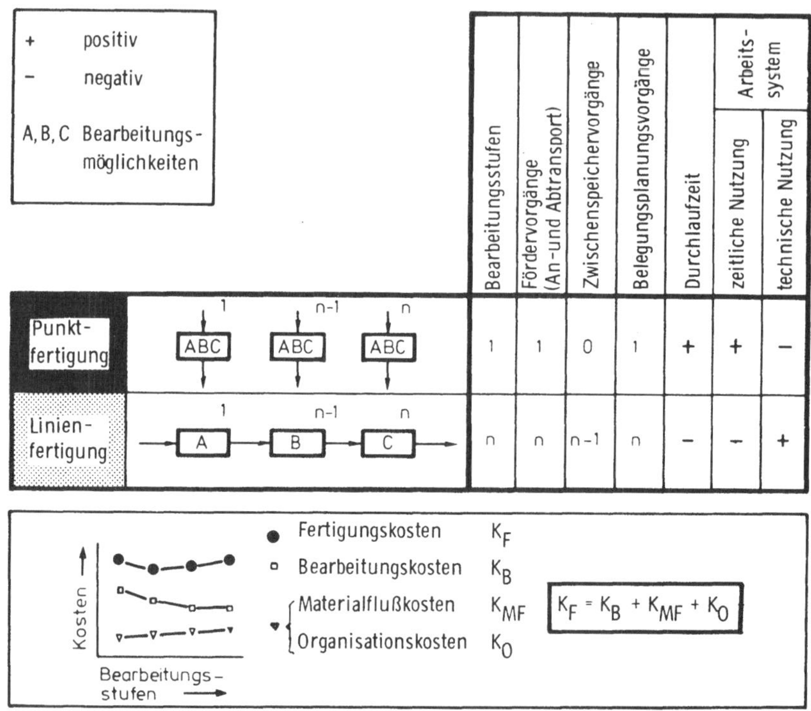

Bild 12: Einfluß der Werkstückbearbeitung auf den Werkstückdurchlauf

Bei einstufigen Fertigungssystemen mit sich ersetzenden Arbeitsstationen wird in einer Arbeitsstation ein Werkstück fertig bearbeitet (Punktfertigung). Die Voraussetzung dafür ist ein hinreichender Ausrüstungsumfang der Arbeitsstationen, der einen entsprechend hohen Investitionsaufwand erfordert.

Demgegenüber wird bei mehrstufigen Fertigungssystemen mit sich ergänzenden Arbeitsstationen bei beschränktem Ausrüstungsumfang je Arbeitsstation die Bearbeitung in mehreren Stationen durchgeführt (Linienfertigung). Der Investitionsaufwand für die einzelnen Arbeitsstationen ist vergleichsweise niedriger /27/.

Kombinierte Fertigungssysteme enthalten als Kompromiß sich ersetzende und sich ergänzende Arbeitsstationen und erlauben daher einstufige und mehrstufige Fertigungsabläufe.

Mit einer zunehmenden Anzahl von Bearbeitungsstufen erhöht sich der Materialfluß- und Organisationsaufwand sowie die Durchlaufzeit aufgrund einer größeren Anzahl von Förder- und Speichervorgängen. Das Ermitteln der Bearbeitungsstufen stellt sich somit als ein Optimierungsproblem mit dem Ziel minimaler Fertigungskosten dar.

Ein genaues Bestimmen der optimalen Anzahl von Bearbeitungsstufen bleibt dem konkreten Einzelfall vorbehalten, da nur hier die notwendigen Kostendaten vorliegen. Kostenwerte zum Abschätzen der Investitions- und Betriebskosten von Verkettungseinrichtungen werden in Kapitel 3 ermittelt. Allgemein läßt sich jedoch feststellen, daß sich mit steigenden Werkstückabmessungen und -gewichten und größeren Weglängen (Anstieg der Transport- und Flächenkosten) und bei großem Werkstückwert (Anstieg der Kapitalbindungskosten) die Zahl der kostenoptimalen Bearbeitungsstufen verringert.

3.2.2 Transportarten Sammel- und Einzeltransport

3.2.2.1 Funktion von Verkettungshilfsmitteln und Werkstückträgern

Neben der in 2.2.1.2 beschriebenen Schutz- und Hilfsfunktion zum Erhöhen der Flexibilität kommt den Verkettungshilfsmitteln, wie auch in /17/ aufgeführt, die Zusammenfassungsfunktion von Werkstücken zu Transporteinheiten bzw. Speichereinheiten zu. Durch das Zusammenfassen mehrerer Werkstücke in Werkstückmagazinen können Transportlosgrößen gebildet werden, wodurch vom Einzeltransport zum Sammeltransport übergegangen werden kann (Bild 13).

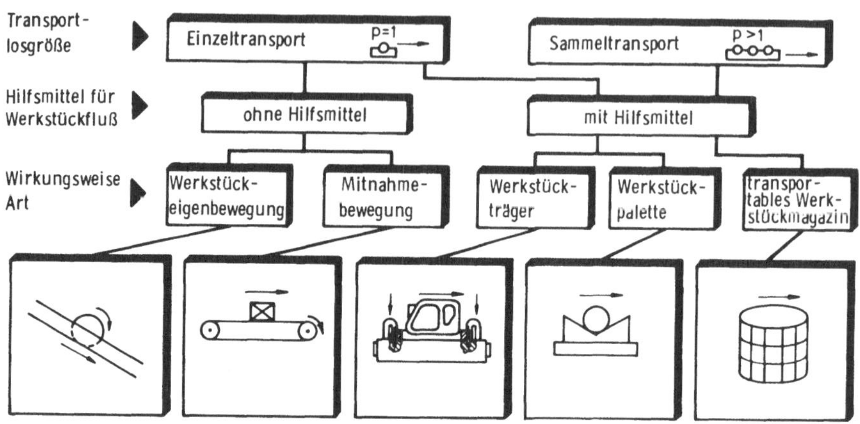

Bild 13: Transportlosgrößen und Verkettungshilfsmittel

Die Zuordnung von Fertigungslosgröße z und Transportlosgröße p ist in Bild 14 gezeigt. Zum Ausführen von Sammeltransporten müssen die Verkettungshilfsmittel als transportable Werkstückmagazine ausgeführt sein.

Einzel-fertigung	z = 1	X	p = 1	Einzel-transport
Los-fertigung	z > 1	●	p = 1	
	z > 1	X	p = z	Sammel-transport
	z > 2	●	1 < p < z	
X Fertigungslosgröße z = Transportlosgröße p				
● Fertigungslosgröße z > Transportlosgröße p				

Bild 14: Zuordnung von Fertigungslosgrößen und Transportlosgrößen

3.2.2.2 Einfluß der Werkstückträgerkosten und Maschinenbelegungszeit auf den Schichtbetrieb

Über die Funktion als Verkettungshilfsmittel hinausgehend übernehmen Werkstückträger die Funktion "Bestimmen und Spannen" von Werkstücken auch während der Bearbeitung im Arbeitsraum. Sie werden in flexiblen Fertigungssystemen hauptsächlich für prismatische Werkstücke als Verkettungshilfsmittel und als Spannmittel eingesetzt. Die geforderte Genauigkeit und Steifigkeit sowie die erweiterten Funktionsanforderungen führen zu einem 10 bis 20-fachen Preis solcher Werkstückträger (Spannpalette) gegenüber einfachen Transportpaletten (Bild 15a). Angesichts der großen Preisunterschiede bei Werkstückträgern ist anzunehmen, daß im Zuge einer wertanalytischen Untersuchung produktbedingte Reserven und bei größeren Stückzahlen auch fertigungsbedingte Reserven zum Senken der Herstellkosten ausgeschöpft werden können. Ansätze zum Vereinheitlichen von Werkstückträgern zeigt z.B. die japanische Richtlinie MAS 405-1975 /28/.

Geht man davon aus, daß die Bearbeitung über 3 Schichten und die Beschickung des Systemes in einer Schicht erfolgt (3/1-Schichtbetrieb) so hängt die theoretisch benötigte Anzahl von Werkstückträgern von der Anzahl der Arbeitsstationen und deren mittleren Belegungszeit ab (Bild 15b). Die theoretisch notwendige Anzahl von Werkstückträger n_{WT} teilt sich auf in den Bedarf für die Bedienschicht n_{WTB} und die Menge n_{WTS}, die für die restlichen Schichten gespeichert werden muß.

$$n_{WT} = n_{WTB} + n_{WTS} \tag{3.12}$$

Bei voller Auslastung ist während der Bedienschicht jeder Arbeitsstation ein Werkstückträger zugeordnet. Zusätzlich ist mindestens ein "freier" Werkstückträger notwendig. Dieser wird mit einem Rohteil bestückt und jeweils der Arbeitsstation zugeführt, die als nächste ihr Bearbeitungsprogramm beendet. Der dort "frei" gewordenen Werkstückträger kann dann erneut mit einem Rohteil bestückt werden und das Bearbeitungsende der nächsten Arbeitsstation abwarten, um dort bearbeitet zu werden.

Die minimal benötigte Werkstückträgeranzahl für die Bedienschicht hängt somit von der Anzahl der Arbeitsstationen n_{AS} ab.

(3.13) $n_{WTB} = n_{AS} + 1$ Voraussetzung: $\frac{T_{AS}}{n_{AS}} > T_{WM}$

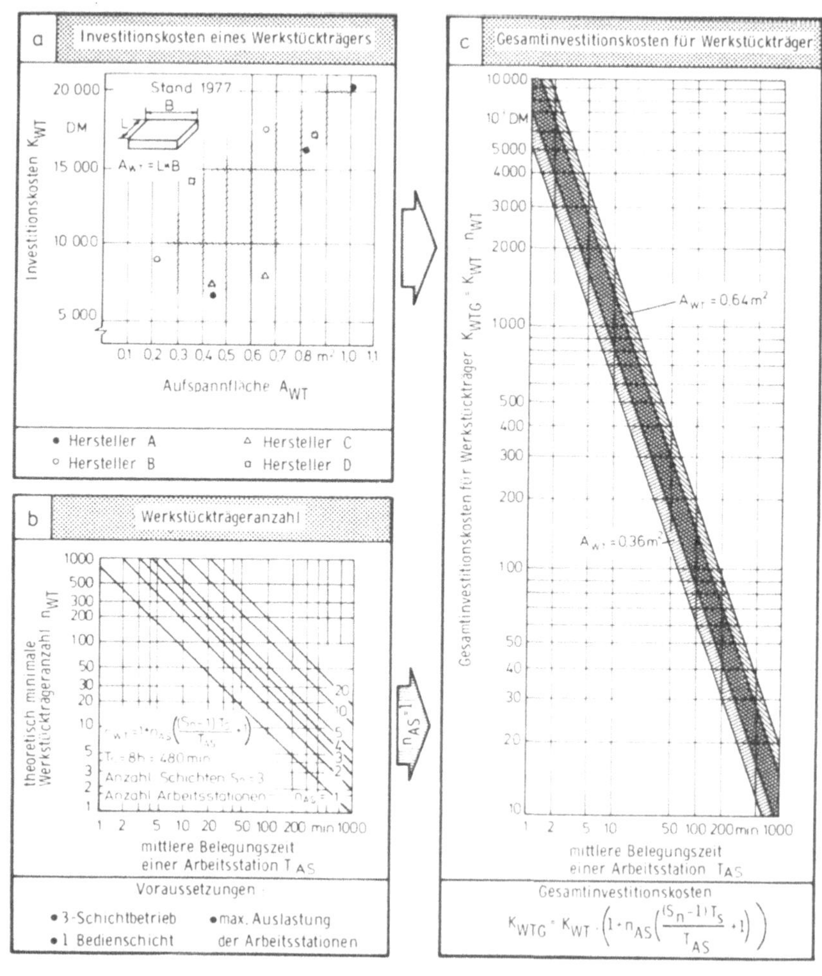

Bild 15: Investitionsaufwand für Werkstückträger je Arbeitsstation in Abhängigkeit von den Abmessungen und der mittleren Belegungszeit

Der minimale Bedarf an Werkstückträgern für die zusätzlichen Schichten wird von der Differenz der Arbeitsschichten S_n und Bedienschichten S_B, der Betriebszeit je Schicht T_S, der mittleren Belegungszeit je Arbeitsstation T_{AS} und der Anzahl Arbeitsstationen n_{AS} beeinflußt.

$$(3.14) \qquad n_{WTS} = n_{AS} \cdot \frac{(S_n - S_B) \cdot T_S}{T_{AS}}$$

Wenn das System in einer Bedienschicht mit Werkstücken beschickt wird ($S_B = 1$), so ist die theoretisch minimal benötigte Werkstückträgermenge nach Einsetzen der Formeln für n_{WTB} und n_{WTS}:

$$(3.15) \qquad n_{WT} = n_{WTB} + n_{WTS} = n_{AS} + 1 + n_{AS} \cdot \frac{(S_n - 1) \cdot T_S}{T_{AS}}$$

Nach Umformung ergibt sich:

$$(3.16) \qquad n_{WT} = 1 + n_{AS} \left[\frac{(S_n - 1)\ T_S}{T_{AS}} + 1 \right]$$

In der Praxis ist der tatsächliche Bedarf $n_{WTtat.}$ höher, da weitere Werkstückträger durch Förder-Zwischenspeicher-Werkstückträgerwechsel- und Spannvorgänge gebunden sind. Zum Senken der Investitionskosten ist somit ein möglichst hoher Werkstückträgernutzungsgrad η_{WT}

$$(3.17) \qquad \eta_{WT} = \frac{n_{WT}}{n_{WTtat.}}$$

bei der Systemplanung anzustreben.

Der tatsächliche Werkstückträgerbedarf ist in /12/ und /29/ mit Simulationsmethoden genauer untersucht worden. Danach hängt diese Größe sehr stark

- von der Auftragszusammensetzung,
- vom Verhältnis der Belegungszeiten in der Bedienschicht und autonomen Schicht,
- vom Werkstückdurchlauf (einstufig - mehrstufig) und
- von der Belegungsstrategie

ab, so daß keine allgemeine systemneutrale Aussage möglich ist.

Bezogen auf die theoretisch minimal benötigte Werkstückträgermenge ergeben sich ohne Berücksichtigung der werkstückabhängigen Spannvorrrichtungskosten die in Bild 15c aufgezeigten Investitionskosten für Werkstückträger je Arbeitsstation, wobei immer eine mittlere Belegungszeit vorausgesetzt wurde.

Mit abnehmender Belegungszeit nimmt der Bedarf an gespeicherten Werkstückträgern sehr stark zu. Daraus läßt sich schließen, daß das Speichern von Werkstückträgern bei niedriger Belegungszeit höhere Kosten verursacht, als durch den Mehrschichtbetrieb eingespart werden können. Für einen Beispielfall sollen daher die Kostengrenzen ermittelt werden. Zugrunde gelegt werden die in Bild 16 aufgeführten Kostenparameter des Beispielfalles und das in Bild 17 dargestellte Kostenmodell. Vorausgesetzt wird, daß die Bearbeitung in mehreren Schichten, das Auf- und Abspannen jedoch nur in einer Schicht erfolgt.

Bearbeitungszentrum	K_M		565 000. - DM
Werkstückwechseleinr.	K_{WM}		35 000. - DM
Werkstückträger (m. Vorr.)	K_{WT}		15 000. - DM
Überwachungseinr.	$K_Ü$		80 000. - DM
Lohnkostensatz (mit Lohnneben-und Gemeinkosten)	K_{LH}	1. Schicht 2. Schicht 3. Schicht	30. - DM/h 36. - DM/h 39. - DM/h
Zeitanteil für manuelle Überwachung ohne Überwachungseinrichtungen	$\delta_{ÜO}$		20 %
Zeitanteil für manuelle Überwachung mit Überwachungseinrichtungen	$\delta_{ÜM}$		5 %
Auf-und Abspannzeit je Werkstück	T_{WM}	9 min $\hat{=}$	0,15 h

Bild 16: Kostenparameter des Beispielfalles

Als Entscheidungskriterium werden die Bearbeitungskosten herangezogen. Die Bearbeitungskosten K_B eines Werkstückes lassen sich errechnen aus den Arbeitsplatzkosten je Stunde K_{AH} und der Maschinenbelegungszeit T_{AS}.

(3.18) $K_B = K_{AH} \cdot T_{AS}$

Die Bearbeitungskosten werden verringert, wenn K_{AH} und/oder T_{AS} so verändert werden, daß sich das Produkt beider Kostenfaktoren verkleinert.

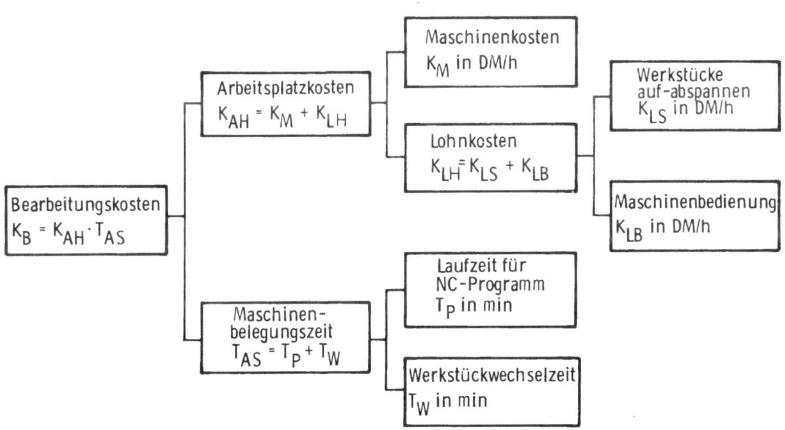

Bild 17: Kostenmodell zur Berechnung der Bearbeitungskosten

Die Maschinenbelegungszeit T_{AS} wird hier aus Gründen der Zweckmäßigkeit unterteilt in die Programmausführungszeit T_P (Ablaufzeit für NC-Programm) und in die Werkstückwechselzeit T_W.

(3.19) $T_{AS} = T_P + T_W$

Bei der Bearbeitung prismatischer Werkstücke mit $T_P > 10$ min und $T_W < 0,1$ min (bei automatischem Werkstückwechsel) ist $T_W \ll T_P$.

Somit kann näherungsweise gesetzt werden

(3.20) $T_{AS} \simeq T_P$

Die Arbeitsplatzkosten K_{AH} (Bild 18) setzen sich aus den Lohnkosten K_{LH} (einschl. Lohnneben- und Gemeinkosten) und dem Maschinenstundensatz K_M /26/ zusammen.

(3.21) $K_{AH} = K_{LH} + K_M$

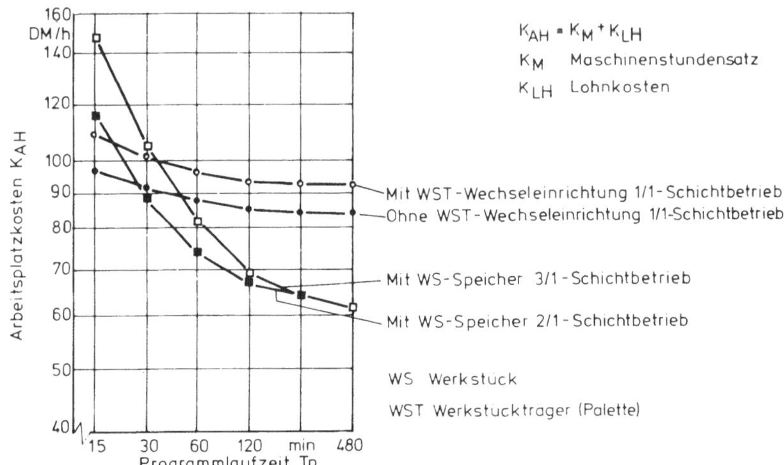

Bild 18: Arbeitsplatzkosten von BAZ in Abhängigkeit von der Programmlaufzeit

Im 1/1 Schichtbetrieb mit bzw. ohne Werkstückwechseleinrichtung verringern sich die Arbeitsplatzkosten bei zunehmender Programmlaufzeit aufgrund des sinkenden Lohnkostenanteils, weil weniger Werkstücke je Schicht auf- und abgespannt werden müssen. Der Maschinenstundensatz bleibt konstant.

Im 2/1 und 3/1 Schichtbetrieb nimmt der Arbeitsplatzkostensatz bei zunehmender Programmlaufzeit wegen des sinkenden Lohnkostenanteils und des sinkenden Maschinenstundensatzes ab. Der Maschinenstundensatz verringert sich aufgrund der geringeren Werkstückträgermenge, die entsprechend geringere Investitionsaufwendungen erfordert. Bei Programmlaufzeiten, die kleiner als 20 min sind, liegt der Arbeitsplatzkostensatz im Beispielsfall im 2/1 Schichtbetrieb sogar höher als beim 1/1 Schichtbetrieb mit Werkstückwechsler. Erst bei Programmlaufzeiten ab ca. 240 min wird der Arbeitsplatzkostensatz im 3/1 Schichtbetrieb geringer als im 2/1 Schichtbetrieb.

In Bild 19 sind für Werkstücke mit verschiedenen Programmlaufzeiten die absoluten Kostenminima bei einschichtigem Auf-Abspannen gegenübergestellt.

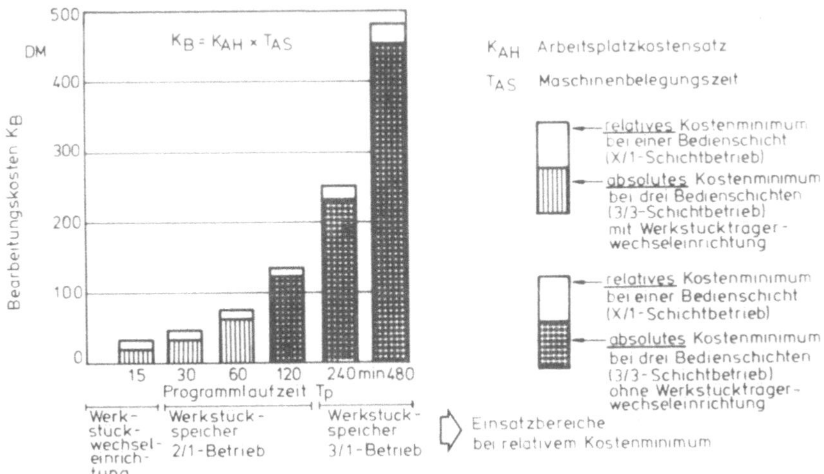

Bild 19: Bearbeitungskostenvergleich bei verschiedenen Programmlaufzeiten und einschichtigem Auf-Abspannen

Absolutes Kostenminimum:
Das absolute Kostenminimum wird erreicht, wenn das Bedienpersonal zeitlich unbegrenzt in drei Schichten für Auf- und Abspanntätigkeiten zur Verfügung steht. In diesem Fall sind bei voller Nutzung der Fertigungsmittel keine zusätzliche Investitionen für Speichereinrichtungen und Paletten erforderlich.

Relatives Kostenminimum:
Das Bedienpersonal steht nur in einer Schicht für Auf- und Abspanntätigkeiten zur Verfügung. Die Fertigungsmittel werden entweder geringer genutzt oder es entstehen zusätzliche Investitionskosten für Speicher, Paletten und Überwachungseinrichtungen, wobei das Bedienpersonal, die sonst auf mehrere Schichten ver-

teilten Arbeiten in einer Schicht ausführen muß und somit in dieser Schicht in entsprechender Anzahl vorhanden sein muß. Das relative Kostenminimum existiert also dann, wenn unter der Randbedingung des Auf- und Abspannens in nur einer Schicht die niedrigsten Kosten entstehen.

Wenn das Bedienpersonal nicht über 3 Schichten verfügbar ist, stellt sich die Frage, ob eine Mindernutzung der Fertigungsmittel oder zusätzliche Investitionen für Werkstückspeicher und der Betrieb in weitgehend autonomen Schichten als zwangsläufige Ausweichlösungen zu wählen sind. In beiden Fällen erhöhen sich die Kosten; es ist deshalb zu prüfen, in welcher Weise die zusätzlichen Kosten minimiert werden können.

In den vorausgegangenen Kostenbetrachtungen wurde diese Frage an einem Beispielsfall untersucht. Mit anderen zugrunde gelegten Kostengrößen verschieben sich zwar die dargelegten Einsatzgrenzen; die Tendenz verändert sich jedoch nicht.

Bei kleinen Programmlaufzeiten (im Beispielsfall bis ca. 20 min.) muß eine Mindernutzung in Kauf genommen werden. Bereits der Betrieb in einer vollen autonomen Schicht würde wegen des großen Werkstückträgerbedarfs so hohe Investitionskosten verursachen, daß diese durch die bessere Nutzung nicht zu kompensieren wären.

Bei mittleren Programmlaufzeiten (im Beispielsfall von 2o bis 240 min.) ist nur eine zusätzliche autonome Schicht wirtschaftlich. Der 3/1 Schichtbetrieb mit zwei autonomen Schichten würde hier bereits wieder höhere Kosten verursachen als der 1/1 Schichtbetrieb. Immerhin ist in diesem Fall jedoch bereits mit 2 Bedienschichten die Nutzung der Fertigungsmittel im 3-Schichtbetrieb möglich.

Erst bei langen Programmlaufzeiten (im Beispielsfall ab 240 min.), die jedoch in der Praxis sehr selten vorkommen, sind zwei autonome Schichten wirtschaftlicher als eine gewisse Mindernutzung der Fertigungsmittel.

3.2.3 Zuordnung der Speicher- und Fördereinrichtungen zu den Arbeitsstationen

Variable Durchlaufreihenfolgen und ungleiche Belegungszeiten der Arbeitsstationen, sowie die von den Bearbeitungsvorgängen zeitlich getrennte Beschickung mit Werkstücken erfordern Speichervorgänge, die unabhängig vom technischen Speicheraufbau und der räumlichen Anordnung in drei Organisationsebenen ausgeführt werden (Bild 20).

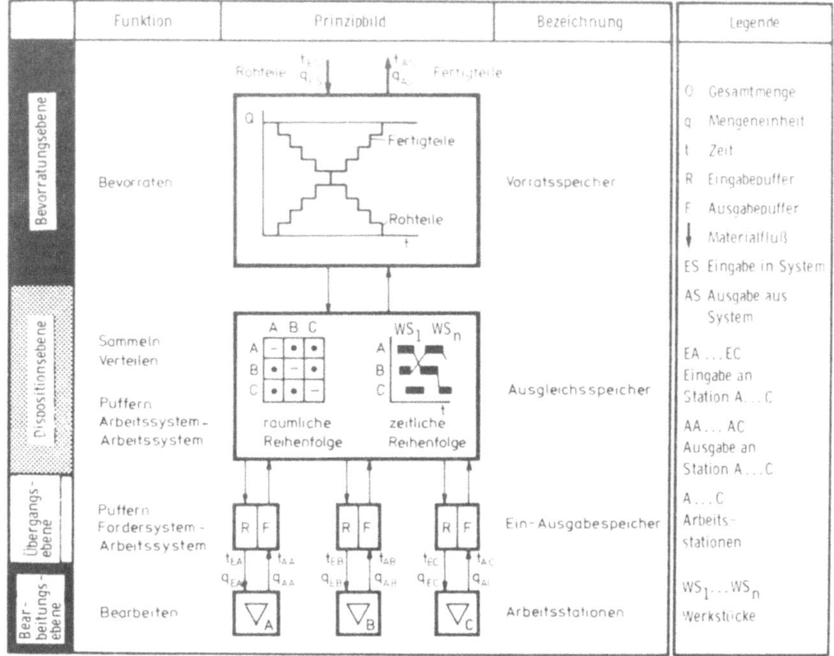

Bild 20: Speicherfunktionen in Fertigungssystemen

Die Bevorratungsebene dient zur Werkstückbevorratung, wenn sich die Beschickungszeitspanne und die Betriebszeit des Fertigungssystemes unterscheiden. Dieser Fall tritt beim sogenannten 3/1-Schichtbetrieb ein.

In der Dispositionsebene werden Werkstücke nach einer Bearbeitungsstufe aufgenommen und nach einer zeitlichen und räumlichen Reihenfolgebedingung an weitere Arbeitsstationen verteilt (Sammel- und Verteilfunktion). Sind nur Unterschiede in den Belegungszeiten der Arbeitsstationen oder Störungszeiten bei unveränderter Durchlaufreihenfolge auszugleichen, wird lediglich cine Pufferfunktion ausgeübt.

In der Übergangsebene werden schließlich Zeitunterschiede zwischen Fördervorgängen und Bearbeitungsvorgängen ausgeglichen (Ein- und Ausgabepuffer) und die Werkstücke zur Bearbeitung bzw. zum Abtransport bereitgestellt.

3.2.3.1 Zentrale Anordnung von Werkstückspeichern

Wie in Bild 21 ersichtlich, lassen sich zentral angeordnete Speicherfunktionen durch speicherfähige Fördereinrichtungen oder durch separate Speichereinrichtungen verwirklichen.

Beim Speichern durch das Fördermittel im Hauptschluß (dynamisches Speichern) nach Bild 21 werden die Werkstücke ständig umlaufend bewegt und bei den angesteuerten Arbeitsstationen ausgeschleust bzw. eingeschleust. Die Speicherkapazität ist begrenzt durch die Speicherlänge, könnte jedoch durch einen separaten Speicher erweitert werden, so daß ein Mischtyp aus den in Bild 21 gezeigten Grundstrukturen entstünde.

Beim Speichern durch das Fördermittel im Nebenschluß läßt sich die Speicherkapazität durch längere zusätzliche Speicherstrekken erhöhen; die Zugriffsmöglichkeiten zu den Werkstücken sind beschränkt, da in den einzelnen Speicherstrecken das First in - First out - Prinzip vorliegt. Der Transport zu den Arbeitsstationen erfolgt ohne Speicherwirkung.

Ähnlich ist der Ablauf, wenn das Speichern in separaten Speichereinrichtungen erfolgt, die indirekt durch eine Fördereinrichtung mit den Arbeitsstationen verbunden sind.

Bei der direkten Zuordnung von Speichereinrichtungen und Arbeitsstationen wird keine Fördereinrichtung im eigentlichen Sinne eingesetzt, sondern die Arbeitsstationen werden von Teileinrichtungen der Speicher direkt bedient. Dies trifft z.B. bei Regalspeichern zu, wenn das Regalbediengerät auch die Arbeitsstationen bedient.

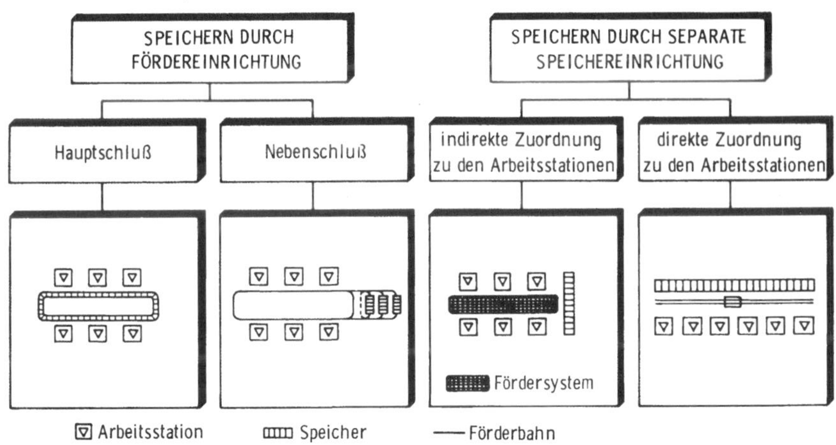

Bild 21: Zentrale Anordnung von Werkstückspeichern

In Abhängigkeit von der Systemstruktur ergibt sich ein unterschiedliches Zeitverhalten. Das Zeitverhalten des gesamten Systemes resultiert aus dem Zusammenspiel der einzelnen Einrichtungen und wird vom Transportmittel wesentlich beeinflußt /12/.

Bild 22 zeigt die Auswertung von Simulationsergebnissen aus /12/ und /29/. Das Kriterium bildet die minimal mögliche Belegungszeit $T_{AS\ min}$ bei der die Arbeitsstationen aufgrund der vorhandenen Transportkapazität noch maximal ausgelastet sind. Eine wesentliche Einflußgröße ist die Transportgeschwindigkeit. Die Angabe der Geschwindigkeitsbereiche einiger Fördereinrichtungen ermöglicht eine Grobzuordnung des Einsatzbereiches dieser Einrichtungen. Die Systemstruktur mit zentralem Umlaufspeicher (Speichern im Hauptschluß) zeigt bei größeren Geschwindigkeiten keine Änderung des Zeitverhaltens; (der mit speicherfähigen

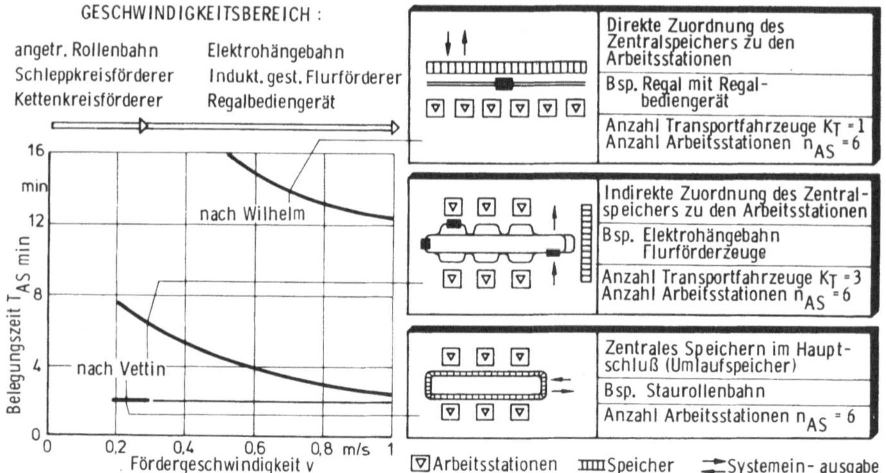

Bild 22: Vergleich des Zeitverhaltens verschiedener Systemstrukturen

Fördereinrichtungen in der Praxis erreichbare Geschwindigkeitsbereich ist dick eingezeichnet). Da die angegebenen Kennlinien ganz bestimmten Parameterkonstellationen entsprechen und sich bei anderen Parametern entsprechend ändern, darf das Bild 22 nur mit beschränkter Allgemeingültigkeit betrachtet werden. Es spiegelt aber dennoch deutlich die Einsatzbereiche der verschiedenen Systemstrukturen wieder.

3.2.3.2 Dezentrale Anordnung von Werkstückspeichern

Speichereinrichtungen werden dezentral angeordnet,

- wenn dies aus Gründen der Materialflußoptimierung zweckmäßig ist (z.B. kürzere Förderwege, geringere Zugriffszeiten)
- zum Puffern bei verketteten Arbeitsstationen und
- zum Bevorraten an den Arbeitsstationen.

Analog zu zentral angeordneten Speichern können die dezentralen Speicherfunktionen durch die Fördereinrichtung im Hauptschluß bzw. Nebenschluß oder durch separate Speichereinrichtungen ausgeführt werden. Der Vollständigkeit halber werden in Bild 23 dezentrale Speicheranordnungen zur Werkstückbereitstellung an

Arbeitsstationen mit gemeinsamer oder getrennter Werkstückein- -ausgabe dargestellt.

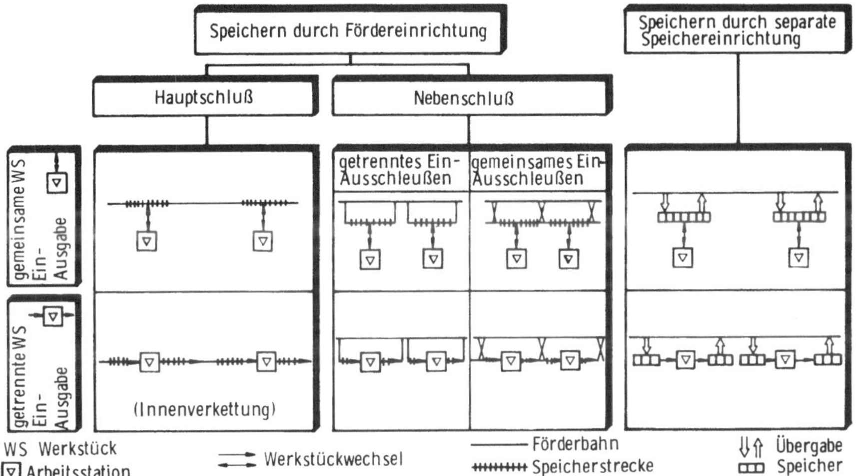

Bild 23: Dezentrale Anordnung von Werkstückspeichern zur Werkstückbereitstellung an den Arbeitsstationen

Bei gemeinsamer Werkstückein- und -ausgabe erfolgt der Werkstückwechsel gewöhnlich mit der gleichen Einrichtung am gleichen Ort des Arbeitsraumes; bei getrennter Werkstückein- und -ausgabe erfolgt die Ein- und Ausgabe an getrennten Orten des Arbeitsraumes.

In ähnlicher Weise muß beim Speichern durch die Fördereinrichtung im Nebenschluß unterschieden werden zwischen getrenntem und gemeinsamem Ein-Ausschleusen.

Bei getrenntem Ein-Ausschleusen ist für jede Arbeitsstation je eine Ein- und Ausschleuseinrichtung vorgesehen. Im System werden 2 . n_{AS} Ein- bzw. Ausschleuseeinrichtungen benötigt.

Bei gemeinsamen Ein-Ausschleusen dient eine kombinierte Ein-Ausschleuseinrichtung für die voranstehende Arbeitsstation als Einschleuse und für die nächststehende Arbeitsstation als Ausschleuse. Es werden n_{AS} + 1 solcher Einrichtungen benötigt.

Voraussetzung für diese Anordnung ist die technische Realisierbarkeit im eingesetzten Fördersystem. Auf einen Einsatzfall mit Elektrohängebahnen wird in Kapitel 4 noch eingegangen.

Beim Vergleich der dezentralen Speichermöglichkeiten zeigt es sich, daß das räumlich wahlfreie Anfahren von Arbeitsstationen beim Speichern durch die Fördereinrichtung im Hauptschluß nicht möglich ist, so daß diese Lösungsmöglichkeit i.a. für den Einsatz in flexiblen Fertigungssystemen ungeeignet ist.

Das Speichern durch die Fördereinrichtung läßt sich nur dann wirtschaftlich realisieren, wenn speicherfähige Fördereinrichtungen mit geringen Kosten für die Speicherplätze eingesetzt werden.

Das Speichern in separaten Speichereinrichtungen stellt keine Anforderungen an die Fördereinrichtung bezüglich Speicherfähigkeit, jedoch müssen dann geeignete Einrichtungen für die Übergabe der Werkstücke, Werkstückmagazine oder Werkstückträger eingesetzt werden.

3.3 Klassifizierung von Verkettungseinrichtungen nach dem technischen Aufbau

Die kaum überschaubare Vielfalt der Verkettungseinrichtungen erfordert ein möglichst einfaches Hilfsmittel zum systematischen Ordnen. Zum Zwecke der Übersicht, des Vergleiches und des Rückgriffes vor allem bei Anwendung der EDV bietet sich als Lösung dieses Problemes der Aufbau eines Klassifizierungssystemes an /31/.

Für die Funktionen Fördern, Speichern und Werkstückwechsel gelten jeweils funktionsspezifische Einsatzkriterien. Das bedeutet ebenfalls, daß für jede dieser betrachteten Funktionen andere konstruktive Eigenschaften zu berücksichtigen sind (Bild 24).

Zur genaueren Beschreibung der Einrichtungen ist demgemäß das getrennte Klassifizieren für die Funktionen Fördern, Speichern und Werkstückwechsel zweckmäßig. Das Klassifizierungssystem besteht daher für jede Funktion aus einer sechsstelligen Klassifizierungsnummer. Die beiden ersten Stellen dienen zur Grobklassifikation und die weiteren vier Stellen zur Feinklassifikation einer Einrichtung. Wie später gezeigt wird, erleichtert diese Unterteilung die manuelle Arbeit mit Lösungskatalogen, da in diesem Fall nur die beiden ersten Stellen als Kennzahl benutzt werden.

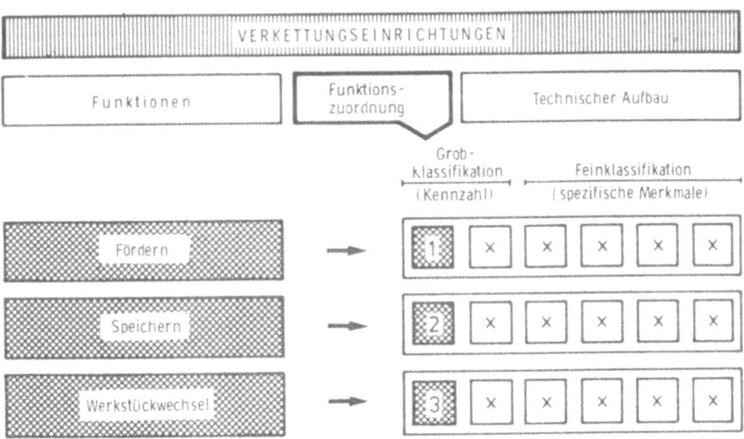

Bild 24: Funktionsbezogene Klassifizierung von Verkettungseinrichtungen nach dem technischen Aufbau

Nach Funktionen getrennte Klassifizierungssysteme erlauben einerseits ein genaueres Erfassen und Beschreiben von Einrichtungen, andererseits muß jedoch eine eindeutige Zuordnung zu den Funktionen gewährleistet sein. Aus diesem Grunde dient die erste Stelle als Funktionszuordnung. Sie zeigt an, für welche Funktion die Klassifizierungsnummer gilt. Mit Hilfe der Funktionszuordnung wird schließlich auch das Problem der Mehrfachfunktionen von Einrichtungen gelöst. Eine Staurollenbahn kann z.B. die Funktionen Fördern und/oder Speichern ausüben. Je nach Funktion interessieren andere konstruktive Eigenschaften. Es ist nun möglich, sowohl für die Funktion Fördern als auch für die Funktion Speichern die jeweils relevanten konstruktiven Merkmale dieser Staurollenbahn zu verschlüsseln.

3.4 Analyse der Funktion Fördern

3.4.1 Klassifizierung von Einrichtungen für die Funktion Fördern

In Bild 25 ist das auf die Funktion Fördern bezogene Klassifizierungssystem mit einem Beispiel dargestellt. Das Beispiel gibt den Informationsgehalt der sechsstelligen Klassifizierungsnummer wieder.

Funktionszuordnung (1. Stelle)
Die Funktion Fördern wird in der ersten Stelle mit der Ziffer 1 gekennzeichnet.

Grundaufbau (2. Stelle)
Zur Grobklassifikation werden zunächst nach der Arbeitsweise Stetig- und Unstetigförderer unterschieden (DIN 15201 /32/). Zur weiteren Kennzeichnung wird die Antriebsart (Schwerkraft, Fremdkraft) und die Anordnung (flurgebunden oder flurfrei) herangezogen. Mit diesen Merkmalen ist bereits eine grobe Kennzeichnung von technischem Aufbau und Wirkprinzip möglich.

Fördergutbewegung (3. Stelle)
Diese Stelle beschreibt die Bewegungs- und Aufnahmemöglichkeiten des Fördergutes. Bewegt sich das Fördergut mit Relativbewegung zur Auflage, müssen die notwendigen Voraussetzungen vom Fördergut bezüglich der Rollfähigkeit bei Eigenbewegungen bzw. der Auflagefläche beim Gleiten oder Rollen erfüllt sein. Dagegen können bei Fördereinrichtungen ohne Relativbewegung des Fördergutes zur Auflage, fördergutspezifische Aufnahmemöglichkeiten geschaffen werden.

Bewegungseinleitung (4. Stelle)
Hier werden die verschiedenen Möglichkeiten der Bewegungseinleitung verschlüsselt. Bei einem Vergleich mit der 3. Stelle erscheint eine Doppelverschlüsselung vorzuliegen. Tatsächlich ist jedoch ein Unterschied vorhanden, da in der 3. Stelle nur der Kontakt zur Auflage verschlüsselt ist, während in der 4. Stelle die Art der Antriebsbewegung beschrieben wird.

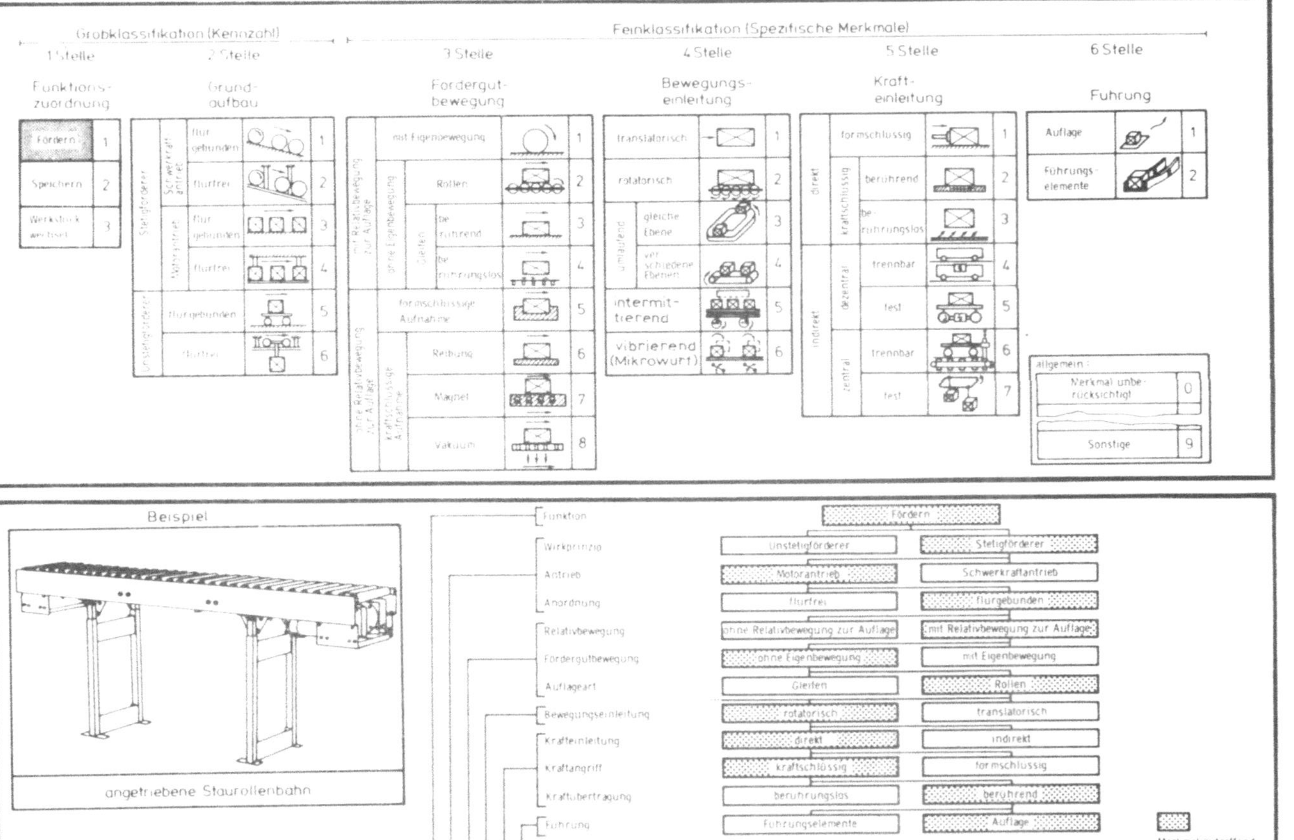

Bild 25: Klassifizierung von Fördereinrichtungen

Fördergeschwindigkeit in $\frac{m}{s}$		Werkstückabmessungen* in mm		Werkstückmasse in kg	
1	≤ 0,125	1	≤ 20	1	≤ 1,0
2	> 0,125 ≤ 0,25	2	>20 ≤ 100	2	> 1,0 ≤ 4,0
3	> 0,25 ≤ 0,5	3	>100 ≤ 250	3	> 4,0 ≤ 16,0
4	> 0,5 ≤ 1,0	4	>250 ≤ 600	4	>16,0 ≤ 64,0
5	>1,0 ≤ 2,0	5	>600 ≤ 2000	5	>64,0 ≤ 256,0
6	>2,0	6	>2000	6	>256

* max. Kantenlänge bzw. max. Durchmesser

● Einsatzeigenschaft erfüllt

○ Einsatzeigenschaft mit Einschränkungen erfüllt

1/3 Erfüllungsbereich (z. B. 1 ... 3)

Einsatzeigenschaften – Freiheitsgrad des Transportmittels (Linie)

Fördereinrichtungen	Klassifizierungsnummer	Horizontale: gerade	Horizontale: gekrümmt	Horizontale: gewinkelt	Schräge: steigend	Schräge: fallend	Vertikale: senkrecht	Verzweigen und Zusammenführen: mit Bewegungsunterbrechung	Verzweigen und Zusammenführen: ohne Bewegungsunterbrechung	Bewegungsrichtung: einsinnig	Bewegungsrichtung: zweisinnig	Bewegungsform: stetig gleichförmig	Bewegungsform: stetig alternierend	Bewegungsform: unstetig
Rollenbahn (angetrieben)	132 22[illegible]	●	○	○	○	○		●	○	●	○	●		
Bandförderer	136 42[illegible]	●	○		○	○			○	●	○	●		
Plattenbandförderer (mit Werkstückaufnahme)	135 42[illegible]	●			●	●				●		●	●	
Kreisförderer	[illegible]	●	●		●	●				●				
Schleppkreisförderer (Power und Free)	145 [illegible]	●	●		●	●	○		●	●		●		
Elektrohängebahn	165 151	●	●	●	●	●	○	●	●	●	●	○	○	●
Induktiv gesteuerter Flurförderer	159 151	●	●		○	○			●	●	○			●
Schleppkettenförderer	159 201	●	●		●	●			●	●		●	○	
Regalbediengerät	155 151	●									●			●
Industrieroboter (fahrbar)	155 151	●									●			●
Stapelkran	165 151													
Palettenfördersystem mit Linearmotorantrieb	152 142	●	●	●	○	○		●	●	●	●	○	○	●

Einsatzeigenschaften (Fortsetzung)

Fördereinrichtungen	Freiheitsgrad: Fläche	Freiheitsgrad: Raum	Förderweg: begrenzt	Förderweg: unbegrenzt	Unabhängigkeit der Transporte: stillsetzen	Unabhängigkeit der Transporte: Geschwindigkeit	Unabhängigkeit der Transporte: Richtung	Speicherwirkung: aufschließend	Speicherwirkung: nicht aufschließend	Werkstückträgereinsatz: mit	Werkstückträgereinsatz: ohne: Rotationsteile	Werkstückträgereinsatz: ohne: Nichtrotationsteile	Fördergeschwindigkeit	Werkstückabmessungen	Werkstückmasse
Rollenbahn (angetrieben)				●	●	○		○	●	●	○	○	3	4/5	2/6
Bandförderer			●		●			○	●	●	○	○	2/3	2/4	1/4
Plattenbandförderer (mit Werkstückaufnahme)			●						●		●	●	2	3/4	3/5
Kreisförderer				●					●	●	○	○	2/3	3/5	4/6
Schleppkreisförderer (Power und Free)				●	●			●		●	○	○	2/3	4/5	4/6
Elektrohängebahn				●	●	●	○	○		●	○	○	3/6	4/5	4/6
Induktiv gesteuerter Flurförderer				●	●	●	●	○		●	●	●	2/6	4/6	4/5
Schleppkettenförderer				●	●			●		●	●	●	2/3	4/6	4/6
Regalbediengerät	○		●		●	●	●			●			4/6	4/6	4/6
Industrieroboter (fahrbar)			●		●	●	●			●	●	●	4/6	1/4	1/4
Stapelkran	●	●	●		●	●	●			●	○	○	3/4	5/6	5/6
Palettenfördersystem mit Linearmotorantrieb				●	●	●	●	●		○			5/6	4/6	4/6

Bild 26: Einsatzeigenschaften und Kenngrößen von Fördereinrichtungen

Krafteinleitung (5. Stelle)
Unabhängig von der Bewegungseinleitung muß zusätzlich die Art der Kraftübertragung zwischen Bewegungselementen und Fördergut berücksichtigt werden. Es wird zwischen direkter und indirekter Krafteinleitung unterschieden. Bei indirekter Krafteinleitung und Zentralantrieb ist ferner die Trennmöglichkeit zum Antrieb berücksichtigt (z.B. Unterscheidung Schleppkreisförderer - Kreisförderer).

Führung (6. Stelle)
Da im Zusammenspiel mit automatisierten Handhabungseinrichtungen das Einhalten von genauen Greif- und Wechselpositionen erforderlich ist, muß das Fördergut entsprechend genau geführt werden. Deshalb ist die Art der Fördergutführung bei der Bewertung der Einsatzmöglichkeiten mit zu berücksichtigen.

Das Klassifizierungssystem gibt ein allgemeines Lösungsfeld möglicher Konstruktionskonzepte wieder. Die gebräuchlichen Fördereinrichtungen bilden eine Teilmenge dieses Gesamtlösungsvorrates.

Zum Beurteilen der technisch möglichen Einsatzbereiche in Fertigungssystemen sind die Einsatzeigenschaften solcher Einrichtungen in Bild 26 zusammengefaßt.

3.4.2 Einsatzbedingungen für Fördereinrichtungen

3.4.2.1 Werkstückmenge

Die in einer bestimmten Zeitspanne im System bearbeitete Werkstückmenge F_S ist abhängig von der Anzahl der Arbeitsstationen n_{AS} und deren mittleren Belegungszeit je Werkstück $\bar{T}_{AS}$.

$$(3.22) \qquad F_S = \frac{n_{AS}}{\bar{T}_{AS}} \qquad \text{in } 1/h$$

Die gefertigte Werkstückmenge ist nicht gleichmäßig über die Zeit verteilt; vielmehr ergeben sich zufallsbedingte Schwankungen, die z.B. mit Simulationsmethoden ermittelt werden können.

Die transportierbare Werkstückmenge Q_T (Mengendurchsatz) muß entsprechend hoch bemessen sein.

(3.23) $Q_T > F_S$

Sie läßt sich nach folgender Formel ermitteln:

(3.24) $Q_T = k_T \cdot \frac{\bar{v}}{\bar{s}} \cdot p \cdot 3600 = k_T \cdot \frac{1}{\bar{T}_T} \cdot p \cdot 3600$ in 1/h

mit

k_T	Anzahl der simultan im System ausgeführten Transporte	
$\bar{v}$	mittlere Fördergeschwindigkeit	in m/s
$\bar{s}$	mittlere Weglänge je Fördervorgang	in m
p	Werkstückmenge je Transport	
$\bar{T}_T$	mittlere Transportzeit	in s

Bei gegebener Werkstückmenge ist die Anzahl der auszuführenden Transporte je Stunde I_F (Transporthäufigkeit):

(3.25) $I_F = \frac{Q_T}{p}$ in 1/h

Da die Transporte entlang eines festgelegten Förderweges erfolgen, ergibt sich der räumliche Abstand l_F der Fördermittel oder der Aufnahmeplätze auf Stetigförderern (z.B. Rollenbahnen) wie folgt:

(3.26) $l_F = \frac{p \cdot \bar{v}}{Q_T} = \frac{\bar{v}}{I_F}$ in m

Mit der mittleren Weglänge je Transport kann nun ermittelt werden, wieviel Transporte gleichzeitig auszuführen sind, wobei die Größe k_T ebenfalls die erforderlichen Fahrzeuge bzw. die Zahl der Fördergutaufnahmen darstellt.

(3.27) $k_T = \frac{\bar{s}}{l_F}$

Die Anzahl der gleichzeitig ausgeführten Transporte k_T ist bei bestimmten Stetigförderern (z.B. Rollenbahnen) nur von der Förderbahnlänge, der Länge der Transporteinheiten und ihren Abständen abhängig. Hier ist trotz der kleinen Fördergeschwindigkeiten ein großer Mengendurchsatz erreichbar. Werden die Transporteinheiten von Fahrzeugen aufgenommen, ergibt sich durch die verfügbaren Fahrzeuge eine Begrenzung der gleichzeitig ausführbaren Transporte und somit des Mengendurchsatzes.

In /33/ wurden die mittleren Weglängen $\bar{s}$ für Linien- und Neststrukturen /23/, wie sie im allgemeinen für Fertigungssysteme zutreffen, statistisch ermittelt (Bild 27). Die mittlere Weglänge $\bar{s}$ ist durch die Anzahl der Fertigungsstationen und deren Grundfläche weitgehend vorgegeben. Näher zu untersuchen sind demnach die noch festzulegenden Parameter Transportzeit $\bar{T}_T$ und die Transportlosgröße p.

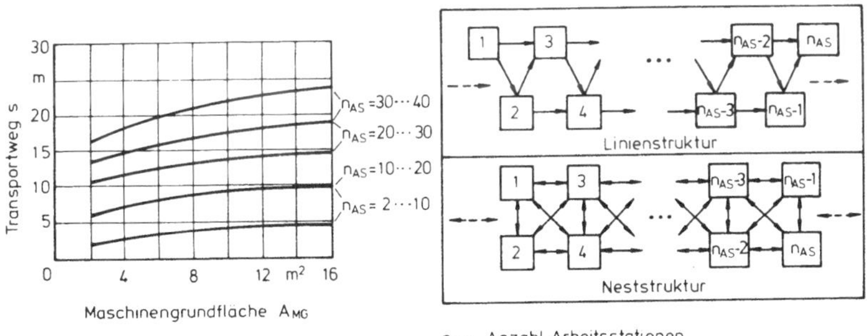

Bild 27: Mittlere Weglänge in Fertigungssystemen /33/

3.4.2.2 Transportzeit

Kleine Transportzeiten ergeben folgende Vorteile:

- Die organisatorische Steuerung vereinfacht sich, da Transportaufträge kurzfristiger geplant werden können.
- Insbesondere bei mehrstufiger Fertigung werden die Transportzeitanteile an der Durchlaufzeit verringert.
- Bei bestimmten Randbedingungen beeinflussen, wie Untersuchungen mit Hilfe der digitalen Simulation zeigten, kleine Transportzeiten die zeitliche Nutzung der Arbeitsstationen positiv /11/.
- Die Anzahl der simultan ausgeführten Transporte k_T ist kleiner. Folglich reduziert sich die Zahl der durch Transportvorgänge

gebundenen Transporteinheiten (z.B. Fahrzeuge, Werkstückträger, Paletten, Magazine usw.)

Der letztgenannte Zusammenhang läßt sich durch die umgeformte Formel (3.24) verdeutlichen.

Mit einem Werkstück je Transport (p = 1) z.B. ein aufgespanntes Werkstück je Werkstückträger ergibt sich:

$$(3.28) \qquad k_T = Q_T \cdot \bar{T}_T$$

Bei vorgegebener Förderkapazität Q_T sinkt die Anzahl notwendiger Fahrzeuge und der durch die Transportvorgänge gebundenen teueren Werkstückträger proportional mit der Transportzeit. So kann z.B. der Werkstückträgernutzungsgrad durch reduzierte Transportzeiten verbessert werden.

Die Transportzeit

$$(3.29) \qquad T_T = t_G + t_Ü + t_W$$

setzt sich aus der Transportgrundzeit t_G (Last- oder Leerfahrt), der Übergabezeit $t_Ü$ (Aufnehmen oder Abgeben von Werkstücken) und ablaufbedingten Wartezeiten t_W (z.B. warten vor Weichen) zusammen. Während die ablaufbedingten Wartezeiten vorwiegend durch die Materialflußstruktur und der organisatorischen Materialflußsteuerung zu beeinflussen sind /34/, wird die Transportgrundzeit und Übergabezeit durch den konstruktiven Aufbau des Fördersystemes bestimmt.

Die Transportgrundzeit t_G ist der Quotient von "Weglänge durch Geschwindigkeit". Die Geschwindigkeit von Unstetigförderern ist aufgrund der Steuerungsmöglichkeit und Einzelantriebe der Fahrzeuge wesentlich höher als bei Stetigförderern. Im Bereich bis zu 10 Arbeitssystemen -dies ist für den größten Teil aller bisher realisierten Fertigungssysteme der Fall- liegen die mittleren Transportweglängen zwischen 2 und 10 m (Bild 27). Bei diesen kurzen Entfernungen sind große Zeitanteile zum Beschleunigen und Positionieren zu verzeichnen. Wie aus Bild 28 am Beispiel des in Kapitel 5 beschriebenen Palettenfördersystems ersichtlich ist, wird bei einer Weglänge von 10 m allein durch Verkürzen der Positionierzeit von 2s auf 1s die Transportgrundzeit um ca. 8% verringert. Folglich muß wegen der relativ geringen Weglängen in Fertigungssystemen den Beschleunigungs- und Positioniervorgängen von Unstetigförderern von der Steuerungstechnik und den Antrieben her besondere Bedeutung zugemessen werden. Auf eine technische Lösungsmöglichkeit mit Linearmotorantrieb und Geschwindigkeitsregelung wird in Kapitel 5 noch näher eingegangen.

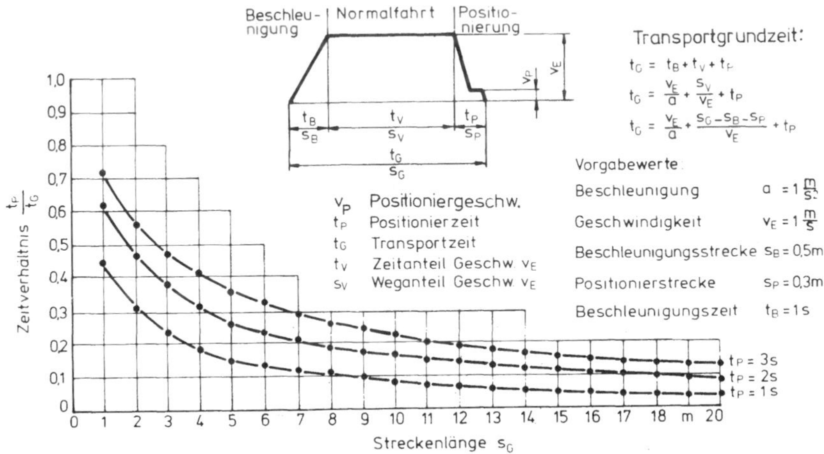

Bild 28: Anteil der Positionierzeit an der Transportgrundzeit

Analog zur Zeitgliederung bei Fertigungsmitteln nach REFA /35/ ist die Übergabezeit $t_Ü$ bei Fördereinrichtungen eine Nebenzeit, da während dieser Zeit kein unmittelbarer Fortschritt des Fördervorganges erfolgt. Am Beispiel realisierter Systeme läßt sich zeigen, daß in flexiblen Fertigungssystemen die Übergabezeiten in der gleichen Größenordnung liegen, wie die Transportgrundzeiten. Die Übergabezeiten lassen sich aus technischen Gründen jedoch nicht beliebig verringern. Deshalb ist ähnlich wie bei Fertigungsmitteln zu versuchen, Übergabevorgänge, die Nebenzeiten beanspruchen, während der Transportgrundzeit (Hauptzeit) auszuführen. Technisch lösbar ist dieses Problem durch Verlegen der Trag- und Führungsfunktion in den Transportgegenstand (z.B. rollfähige Palette) und getrennte Anordnung der Antriebsfunktion /36/. Die Antriebe werden dann nur zum Trennen von der Transporteinheit kurz stillgesetzt und können sofort wieder zum nächsten Ziel starten, während an der bereits verlassenen Stelle noch der Übergabevorgang abläuft.

Das in Kapitel 5 als technische Lösung beschriebene Palettenfördersystem ist z.B. so aufgebaut, daß rollfähige Paletten von an- und abkoppelbaren Schleppfahrzeugen bewegt werden, wobei die Nebenzeiten auf den Kuppelvorgang von ca. 0,5 s begrenzt sind und der Übergabevorgang ohne Wartezeiten der Schleppfahrzeuge ausgeführt wird.

3.4.2.3 Transportlosgröße

Die Werkstückmenge je Transport beeinflußt die Transporthäufigkeit und die Durchlaufzeit im Fertigungssystem (Bild 29).

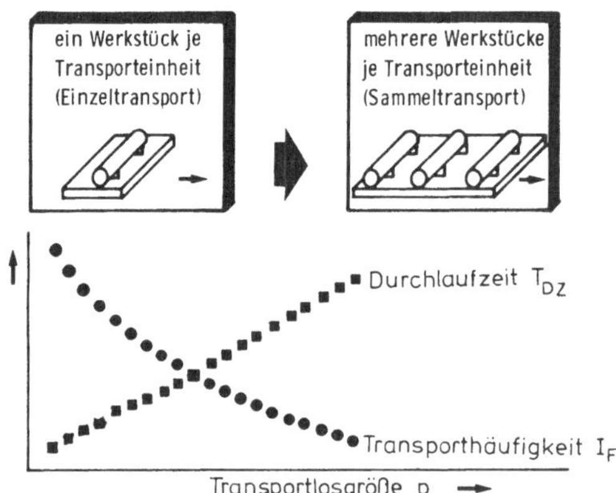

Bild 29: Zusammenhang von Transporthäufigkeit und Durchlaufzeit bei Einzel- und Sammeltransport

Unter der Voraussetzung, daß An- und Abtransport bei einem Vorgang erfolgen, ergibt sich nach Umformung von Gl. (3.3) die mittlere Transporthäufigkeit I_F in einem System zu:

$$I_F = \frac{n_{AS}}{\bar{T}_{AS} \cdot p} \qquad \text{in } 1/h \tag{3.30}$$

mit

- n_{AS} Anzahl Arbeitsstationen
- $\bar{T}_{AS}$ mittlere Belegungszeit der Arbeitsstationen — in h
- p Anzahl Werkstücke je Transport

Die Durchlaufzeit T_{DZ} errechnet sich nach der Formel:

$$(3.31) \quad T_{DZ} = \sum_{i=1}^{m} T_{ASi} + (p-1) \sum_{i=1}^{m} T_{ASi} + \sum_{i=1}^{m} T_{Li} + \sum_{i=1}^{m-1} T_{Ti}$$

mit

- m Anzahl der Bearbeitungsstufen
- T_{ASi} Belegungszeit bei Bearbeitungsstufe i — in h
- p Anzahl Werkstücke je Transport

- T_{Li} Zwischenlagerzeit an der Bearbeitungsstufe i — in h
- T_{Ti} Transportzeit zur nächsten Bearbeitungsstufe — in h

Der Term

$$(3.32) \quad (p-1) \sum_{i=1}^{m} T_{ASi}$$

(Wartezeiten der Werkstücke, die sich z.B. in einem Werkstückmagazin befinden, an den Arbeitsstationen)
zeigt die aufgrund des Sammeltransportes eintretende Verlängerung der Durchlaufzeit.

Beim Einzeltransport (ein Werkstück je Transport) ergeben sich somit relativ kurze Durchlaufzeiten; die erforderliche Transporthäufigkeit ist jedoch hoch. Diese Gegebenheit ist beim Sammeltransport (mehrere Werkstücke je Transport z.B. durch transportables Werkstückmagazin als Förderhilfsmittel) genau umgekehrt (Bild 29).

3.4.2.4 Linienführung in Fördersystemen

Nach den räumlichen Freiheitsgraden unterscheidet man Fördersysteme, die Punkte im Raum, auf Flächen oder Linien erreichen können. Da die Arbeitsstationen an festen Orten stehen, werden hier aufgrund der leichteren Automatisierbarkeit insbesondere die sogenannten Linientransporte in Betracht gezogen.

Struktur und Layout eines Fertigungssystemes bestimmen die Linienführung des Fördersystemes. Zur Realisierbarkeit von Linienführungen der in Bild 30 dargestellten Grundfälle, sind Komponenten zur Richtungsänderung (z.B. Kurvenkomponenten) und Knotenkomponenten notwendig. Knotenkomponenten sind Verzweigungs- und Zusammenführeinrichtungen wie z.B. Weichen oder Drehscheiben.

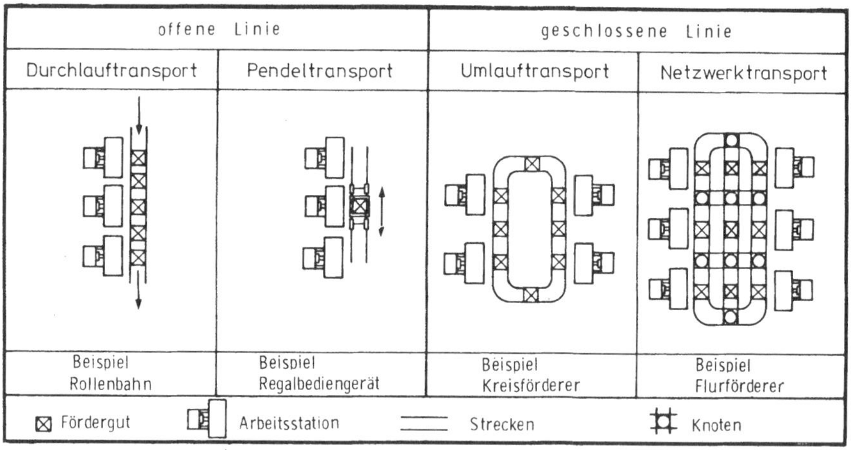

offene Linie		geschlossene Linie	
Durchlauftransport	Pendeltransport	Umlauftransport	Netzwerktransport
Beispiel Rollenbahn	Beispiel Regalbediengerät	Beispiel Kreisförderer	Beispiel Flurförderer
Fördergut	Arbeitsstation	Strecken	Knoten

Bild 30: Linienführungen in Fertigungssystemen (Grundfälle)

Setzt man eine wahlfreie Zuordnungsmöglichkeit von Werkstücken und Arbeitsstationen voraus, so ergeben sich verschiedene Durchlauffolgen im System (Bild 31). Die Werkstücke durchlaufen das System nicht in der gerichteten Reihenfolge der Arbeitsstationen, sondern mit Überspringen von Arbeitsstationen bzw. Rücksprüngen zu voranstehenden Arbeitsstationen. In der Matrixdarstellung treten Vorgänge mit Überspringen in der rechten oberen Hälfte und Rücksprünge in der linken unteren Hälfte in Erscheinung.

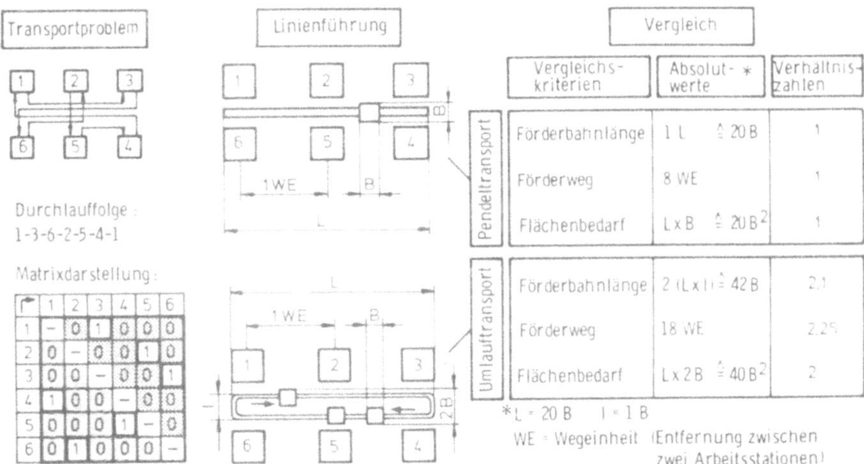

Bild 31: Vergleich von Linienführungen

Rücksprünge sind beim Durchlauftransport nicht möglich, da ein zwangsläufiger Werkstücktransport nur in Förderrichtung erfolgt. Pendeltransport, Umlauftransport und Netzwerktransport erlauben die absolute Durchlauffreizügigkeit im System. Am Beispiel der links im Bild 31 angegebenen Durchlauffolge eines Werkstückes werden nun Pendeltransport und Umlauftransport verglichen. Nach den in Bild 31 rechts aufgeführten Vergleichskriterien ist der technische Aufwand beim Pendeltransport geringer als beim Umlauftransport. Die erforderliche Förderbahnlänge und der Flächenbedarf ist beim Umlauftransport ca. doppelt so hoch. Die zurückgelegte Weglänge für den Werkstückdurchlauf beträgt in diesem Beispiel das 2,25 fache, da z.T. große Umlaufwege notwendig sind. Im angegebenen Fallbeispiel muß für den Transport von Station 5 zur Station 4 nahezu ein Umlauf erfolgen.

Beim Netzwerktransport sind durch "Abkürzungsstrecken" die Durchlaufweglängen zwar geringer; es entsteht aber ein hoher technischer Aufwand für zusätzliche Strecken- und Knotenkomponenten.

Der Vergleich der möglichen Linienführungen zeigt, daß der Pendeltransport die einfachste Lösung ist, da weder Komponenten zur Richtungsänderung noch Knotenkomponenten notwendig sind. Ferner ist der Grundflächenbedarf und die Bahnlänge am geringsten.

Sofern keine besonderen Maßnahmen getroffen werden, ist die transportierbare Werkstückmenge jedoch begrenzt, da jeweils nur ein Transport ($k_T = 1$) kollisionsfrei ausgeführt werden kann. Der Einsatzbereich von Pendeltransportsystemen ist deshalb auf Fertigungssysteme mit geringen Anforderungen an die Transportkapazität beschränkt. Zum Erhöhen der Transportkapazität stehen zwei Möglichkeiten offen:

1. Verkürzen der Transportzeit durch höhere Geschwindigkeiten und verkürzte Übergabezeiten.
2. Simultanes Ausführen mehrerer Transporte (Erhöhen von k_T) durch Einsatz mehrerer Fahrzeuge, wobei jedoch durch organisatorische, konstruktive und/oder steuerungstechnische Maßnahmen Kollisionen verhindert werden müssen.

Hinsichtlich der technischen Lösungsmöglichkeiten wird auf Kapitel 5 verwiesen, wo die kollisionsfreie, zeitlich überlappte Ausführung von Leer- und Lastfahrten in dem bereits erwähnten Palettenfördersystem beschrieben ist.

3.4.3 Kosten von Fördereinrichtungen

3.4.3.1 Investitionskostenanalyse bei Fördereinrichtungen

Eine analytische Ermittlung der Investitionskosten nach einem mathematischen Modell ist aufgrund der vieldimensionalen technischen und marktabhängigen Einflußparameter selbst mit hohem Aufwand kaum möglich. Die Investitionskosten lassen sich jedoch empirisch über vergleichbare Bezugsgrößen ermitteln. Die übrigen Einflußparameter werden indirekt durch die Streubreiten der Investitionskosten berücksichtigt. In den folgenden Untersuchungen wird die Aufteilung der Investitionskosten nach der in Bild 32 gezeigten Investitionskostenstruktur vorgenommen.

Bei den mechanischen und steuerungstechnischen Einrichtungen muß davon ausgegangen werden, daß die vorgefertigten Komponenten erst am Systemstandort montiert werden und deshalb die Kosten aufzuteilen sind in Komponentenkosten und Montagekosten.

Die Herstellerangaben wurden durch Fragebogenaktionen, mündliche Befragungen sowie Angebotsanalysen erfaßt und in folgender Weise ausgewertet:

1. Zuordnen von Komponenten der betrachteten Einrichtungen zu den jeweiligen Teilbereichen.
2. Bestimmen der Kostenabhängigkeiten von Komponenten.
3. Addieren der Komponentenkosten.
4. Ermitteln eines Zuschlagsatzes für die Montage der mechanischen Komponenten.
5. Ermitteln eines Zuschlagsatzes für die Steuerungskomponenten.
6. Ermitteln eines Zuschlagsatzes für die Montage der Steuerungskomponenten.

Die Streubreite der Komponentenkosten wird in gleichem Maße beeinflußt von Parametern, die direkt der Aufgabenstellung zugeordnet werden können (Traglast, Abmessungen) und von der technischen Ausstattung.

Der Streubereich der Montagekosten für die mechanischen Komponenten ist auf unterschiedliche Montagebedingungen zurückzuführen. Die niedrigen Werte können für einfach aufgebaute Anlagen gewählt werden, während bei komplex aufgebauten Systemen mit schwierigen Montagebedingungen (Stockwerksüberwindung, Auslandsmontage) die höheren Werte zutreffen.

Aufgrund unterschiedlicher Anforderungen an den Funktionsumfang der Steuerung und unterschiedlicher Lage der Schnittstellen zu übergeordneten und gleichgeordneten Steuerungseinrichtungen weisen die Kostenanteile für die technische Steuerung ebenfalls große Streubreiten auf. Der Wertebereich umfaßt Fördersysteme mit einfachen konventionellen Steuerungen bis zu Prozeßrechnersteuerungen. Zur genaueren Kostenabschätzung sind die Rechnerkosten gesondert zu ermitteln.

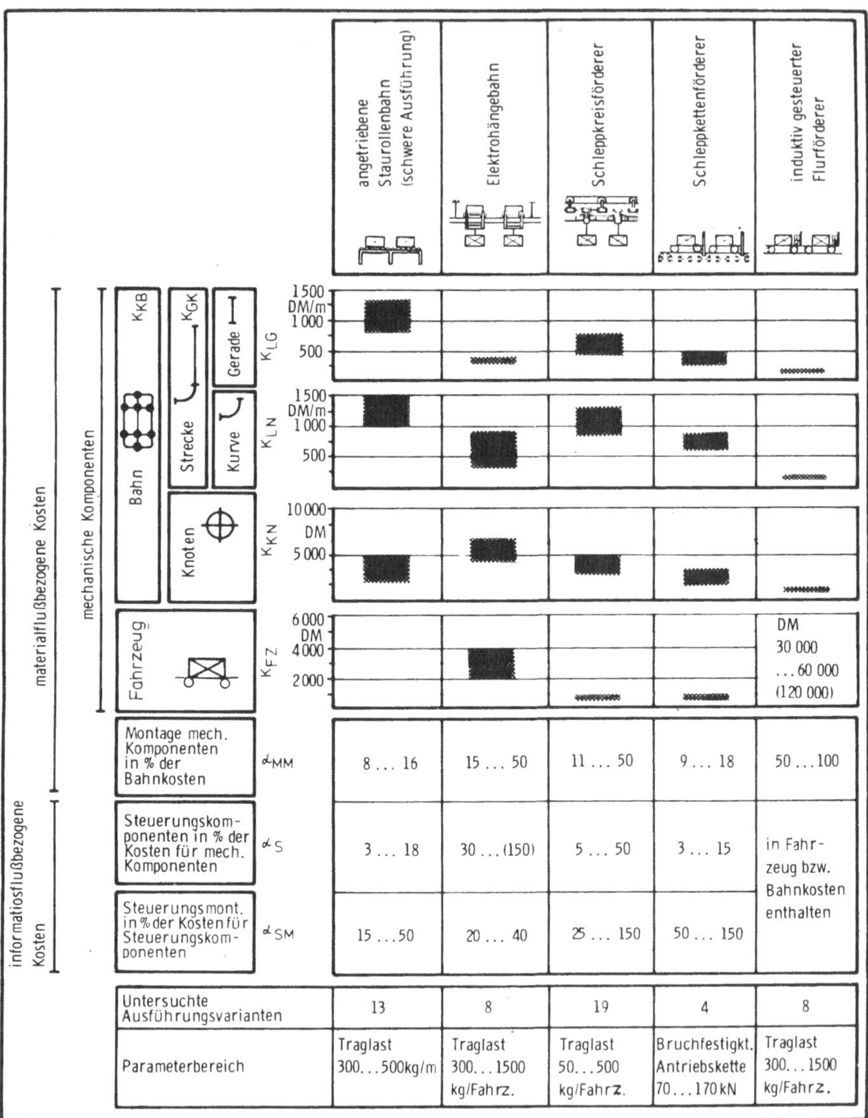

Bild 32: Ergebnisübersicht einer Investitionskostenanalyse für Fördereinrichtungen (Stand 1978)

Um annähernd vergleichbare Ergebnisse zu erzielen, beziehen sich die nachfolgend aufgeführten Kosten auf die mechanische und steuerungstechnische Grundausstattung und Montagebedingungen mit mittlerem Schwierigkeitsgrad. Je nach zusätzlicher technischer Ausstattung ergeben sich höhere Kosten.

3.4.3.2 Vergleich von Investitionskosten

Das Ergebnis der Investitionskostenanalyse ermöglicht den kostenmäßigen Komponentenvergleich und das Abschätzen der Investitionskosten K_{MFS} (in DM) für ein projektiertes System nach

$$(3.33) \quad K_{MFS} = \underbrace{K_{KB}\left(1+\frac{\alpha_{MM}}{100}\right)+\sum_{i=1}^{k_T} K_{FZ}}_{\text{Mechanik}} + \underbrace{\left(1+\frac{\alpha_{SM}}{100}\right)\left(\left(K_{KB}+\sum_{i=1}^{k_T} K_{FZ}\right)\frac{\alpha_S}{100}\right)}_{\text{Steuerung}}$$

wobei die Formelzeichen nach Bild 18 gelten, k_T die Anzahl der Fahrzeuge angibt und sich die Investitionskosten K_{KB} für die Förderbahn aus den Kostensummen von Strecken- und Knotenkomponenten zusammensetzen.

In der dargestellten Form können keine allgemeinen projektneutralen Investitionskostenvergleiche vorgenommen werden, da der zahlenmäßige Anteil einzelner Komponenten vom System abhängt und das Kostenverhältnis zwischen den Komponenten unterschiedlich ist. So sind z.B. für Systeme mit einem hohen Anteil von Knotenkomponenten die Kosten der Knotenkomponenten bestimmend für die Gesamtkosten der Förderbahn; dagegen sind bei Systemen mit geringem Anteil von Knotenkomponenten die Kosten der Streckenkomponenten kostenbestimmend. Deshalb soll nun der Einfluß unterschiedlicher Komponentenzusammensetzungen auf die Investitionskosten für normierte Systemparameter untersucht werden, um unabhängig von ausgeführten Systemen kostenminimale Einsatzbereiche angeben zu können. Als Kostenvergleichsgröße ist der Investitionskostenbetrag je Meter installierte Förderbahn zweckmäßig, weil dann die Kostenwerte auf verschieden große Fördersysteme übertragbar sind. Allerdings muß - wie in Bild 33 angegeben - eine eindeutige Unterscheidung der Kostenvergleichsgrößen nach den enthaltenen Kosten erfolgen.

Investitions-Kostenvergleichsgröße in DM/m	Sinnbild	enthaltene Komponentenkosten für	berücksichtigte Systemparameter
K_{LG}		Strecken	
K_{KE}		Strecken Knoten	Knotendichte
K_{FE}		Strecken Fahrzeuge	Transporthäufigk.
K_{KFE}		Strecken Knoten Fahrzeuge	Knotendichte Transporthäufigk.

Bild 33: Definition von Investitionskostenvergleichsgrößen

Das Kostenverhältnis von Knotenkomponenten und Geradenkomponenten von 1 m Länge läßt sich durch den Knotenkostenkoeffizienten k_f ausdrücken.

(3.34) $$k_f = \frac{K_{KN}}{K_{LG}}$$ in m

mit

K_{KN} Investitionskosten für eine Knotenkomponente in DM

K_{LG} Investitionskosten für eine Geradenkomponente von 1m Länge in DM/m

Ein Maß für die relative Häufigkeit von Knotenkomponenten in einem Fördersystem ist die Knotendichte C_K als reziproker Wert des mittleren Knotenabstandes $\bar{l}_K$.

(3.35) $$C_K = \frac{1}{\bar{l}_K}$$ in m^{-1}

Mit zunehmender Knotendichte erhöhen sich die Investitionskosten für die Förderbahn. Bezieht man die Kosten auf 1 m Bahnlänge als Kostenvergleichsgröße, so erhöhen sich die Kosten K_{LG} einer Geradenkomponente von 1 m Länge um die anteiligen Knotenkosten. Mit dem Anstiegsfaktor

(3.36) $\quad k_{fp} = k_f \cdot C_K$

wird die Kostenvergleichsgröße K_{KE} mit der Formel

(3.37) $\quad K_{KE} = K_{LG}\ (1 + k_{fp}) = K_{LG}\ (1 + k_f \cdot C_K) \qquad$ in DM/m

errechnet, wobei nun die Linienführung mit dem Systemparameter "Knotendichte" C_K und die Kostenzusammensetzung der Förderbahnkomponenten berücksichtigt sind. Bild 34 zeigt als Ergebnisbeispiel die Kostenverläufe für verschiedene Fördereinrichtungen unter Berücksichtigung der angegebenen Voraussetzungen.

Die Kostendifferenz von Kurven- und Geradenkomponenten bzw. der Systemparameter "Kurvendichte" kann vernachlässigt werden, wenn - wie allgemein üblich - die Kurvenkomponenten nur zum Umlenken verwendet werden und somit der Kurvenanteil an der Förderbahngesamtlänge sehr gering ist.

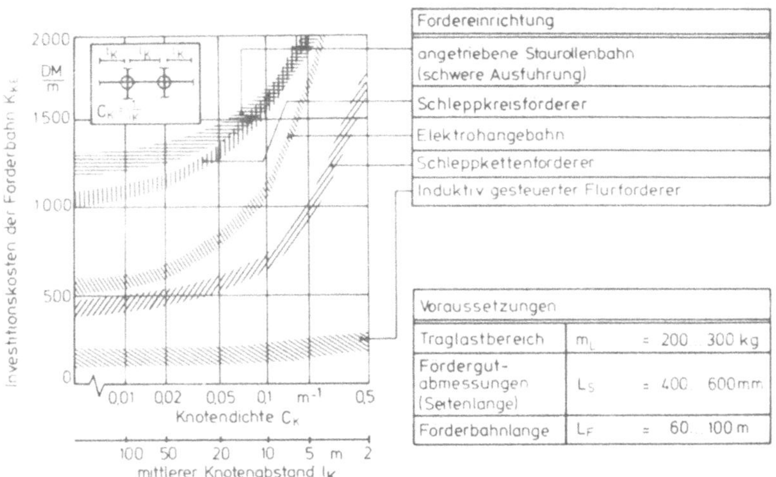

Bild 34: Einfluß der Knotendichte auf die Investitionskosten der Förderbahn (Stand 1978)

Für den allgemeinen Vergleich muß weiterhin der Systemparameter Transporthäufigkeit I_F berücksichtigt werden, da sich mit ihm die Anzahl benötigter Fahrzeuge und somit die Investitionskosten erhöhen.

Die Kosten K_{LG} für die Geradenkomponenten erhöhen sich um die auf den mittleren Fahrzeugabstand $\bar{l}_F$ verteilten Fahrzeugkosten:

(3.38) $$K_{LF} = \frac{K_{FZ}}{\bar{l}_F} = \frac{K_{FZ} \cdot I_F}{3600 \cdot \bar{v}}$$ in DM

mit

(3.39) $$\bar{l}_F = \frac{3600}{I_F} \cdot \bar{v}$$ in m

Für die Kostenvergleichsgröße K_{FE} gilt somit:

(3.40) $$K_{FE} = K_{LG} + \frac{K_{FZ} \cdot I_F}{3600 \cdot \bar{v}}$$ in DM/m

Das Ergebnisbeispiel in Bild 35 zeigt, daß sich abhängig von der Transporthäufigkeit kostenminimale Einsatzbereiche von Fördereinrichtungen darstellen lassen. Absolut betrachtet, steigt jedoch der untere Grenzwert der Investitionskosten mit zunehmender Transporthäufigkeit an.

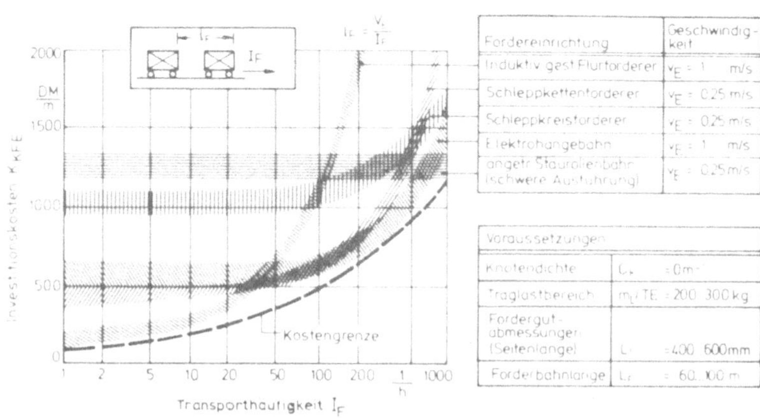

Bild 35: Einfluß der Transporthäufigkeit auf die Investitionskosten (Stand 1978)

Es zeigt sich, daß die Minimierung der Investitionskosten von der Kostenstruktur der Fördereinrichtung und dem Systemparameter I_F (Transporthäufigkeit) abhängt. Unterteilt man die Kosten der Fördereinrichtung in

- Förderbahnkosten und
- Fahrzeugkosten,

so läßt sich feststellen, daß der Systemparameter Transporthäufigkeit die Anzahl der Fahrzeuge und somit die Gesamtkosten der Fahrzeuge direkt beeinflußt. Bei geringer Transporthäufigkeit überwiegen dann die Fahrbahnkosten. Dies ist ersichtlich am Beispiel des induktiv gesteuerten Flurförderers, wo nur relativ geringe Investitionskosten für den Leitdraht entstehen. Da in diesem Beispiel nur sehr wenig kostenaufwendige Fahrzeuge notwendig sind, ergeben sich die geringsten Gesamtkosten.

Bei hoher Transporthäufigkeit überwiegen die Fahrzeugkosten. Dies ist ersichtlich am Beispiel der angetriebenen Rollenbahn, wo zwar hohe Kosten für die Förderbahn, aber keine Kosten für Fahrzeuge entstehen, so daß sich hier bei hoher Transporthäufigkeit die geringsten Gesamtkosten ergeben.

Bei der Systemplanung sind die Knotendichte und die Transporthäufigkeit zu berücksichtigen. Die Kosten je Meter Förderbahn K_{KFE} enthalten somit die Kosten für die Geradenkomponenten und die anteiligen Kosten von Knotenkomponenten und Fahrzeugen.

Für die Kostenvergleichsgröße K_{KFE} ergibt sich:

$$K_{KFE} = \underbrace{K_{LG}}_{\substack{\text{Investitionskosten}\\ \text{der Geradenkompon.}\\ \text{von 1 m Länge}}} + \underbrace{K_{LG} \cdot k_{fp}}_{\substack{\text{Kostenanteil}\\ \text{Knotenkompo-}\\ \text{nenten}}} + \underbrace{\frac{K_{FZ} \cdot I_F}{3600 \cdot \bar{v}}}_{\substack{\text{Kostenanteil}\\ \text{Fahrzeuge}}} \quad \text{in DM/m} \qquad (3.41)$$

Nach Umformung erhält man für die Investitionskostenvergleichsgröße K_{KFE}:

$$K_{KFE} = K_{LG}\,(1 + k_{fp}) + \frac{K_{FZ} \cdot I_F}{3600 \cdot \bar{v}} \quad \text{in DM/m} \qquad (3.42)$$

3.4.3.3 Betriebskosten von Fördereinrichtungen

Die Betriebskosten von Fördersystemen setzen sich im wesentlichen aus den Energiekosten und den Instandhaltungskosten zusammen. Die quantitative Angabe des Energiebedarfes ist nur für konkrete Systeme, dann jedoch relativ einfach zu ermitteln.

Nach /22/ kann zur indirekten Bewertung des Energiebedarfes der Weg-Wirkungsgrad, der Last-Wirkungsgrad und der Last x Weg-Wirkungsgrad herangezogen werden.

Das Bestimmen des Instandhaltungsaufwandes kann nur empirisch auf der Basis bestehender Anlagen erfolgen. Als Erfahrungswerte geben Hersteller bei Einschichtbetrieb jährliche Aufwendungen zwischen 2%...4% des Neuwertes an, die jedoch bei komplexen Systemen wesentlich höher sein können.

3.5 Analyse der Funktion Speichern

Das Speichern ist als zeitüberbrückender Vorgang erforderlich, wenn der Werkstückzufluß und -abfluß im System oder in einem Systembereich zeitlich, reihenfolgemäßig oder mengenmäßig differiert. In bestimmten Fällen werden Speicherfunktionen vom Fördersystem mitausgeführt. Es sind dann speicherfähige Fördereinrichtungen notwendig.

Nach der Mobilität unterscheidet man stationäre oder transportable Speicher. Transportable Speicher, z.B. Werkstückmagazine, werden als Förderhilfsmittel und als Ein-Ausgabespeicher für Werkstückwechselfunktionen eingesetzt.

3.5.1 Klassifizierung von Einrichtungen für die Funktion Speichern

Funktionszuordnung (1. Stelle)
Die Funktion Speichern wird in der ersten Stelle mit der Ziffer 2 gekennzeichnet (Bild 36).

Grundaufbau (2. Stelle)
Zur Grobklassifikation werden die Speicherbauformen nach linien- und flächenförmiger Speicherplatzanordnung in waagerechter oder senkrechter Ebene und nach raumförmiger Speicherplatzanordnung unterschieden.

Speichergutbewegung (3. Stelle)
In dieser Stelle werden die Bewegungsmöglichkeiten des Speichergutes innerhalb der Speichereinrichtung beschrieben. Der einfachste technische Speicheraufbau ergibt sich bei ruhendem Speichergut. Speichergutbewegungen ohne Speichergestell finden z.B. in Schachtmagazinen statt. Ortsfeste Speichergutbewegungen werden z.B. bei umlaufenden Kettenmagazinen, ortsveränderliche Speichergutbewegungen z.B. bei Verschieberegalanlagen ausgeführt.

Ein - Ausgabebewegung (4. Stelle)
Die Ein - Ausgabebewegung erfolgt abhängig von der Speicherbauart an gleichen oder verschiedenen Orten. Von der Art der Ein - Ausgabebewegung hängen die Zugriffsmöglichkeiten zum Speichergut ab.

Speichergutaufnahme (5. Stelle)
Insbesondere bei bewegtem Speichergestell muß das Speichergut gegen Lage- und Positionsänderungen infolge von Erschütterungen oder Stößen gesichert werden. Deshalb ist die Art der Speichergutaufnahme mitentscheidend für die Einsatzmöglichkeiten der Speichereinrichtung.

Speichergutverbund (6. Stelle)

- Ohne Verbund
  Das Werkstück befindet sich unabhängig von anderen Werkstücken in einem festgelegten Speicherplatz. Beispiele hierfür sind das Regalmagazin und das Kettenmagazin.
- Loser Verbund
  Die Werkstücke befinden sich im direkten Kontakt zueinander. Es erfolgt somit eine kräfte- und bewegungsmäßige Wechselwirkung zwischen den Werkstücken. Typische Beispiele hierfür sind das Schachtmagazin und das Stapelmagazin. Bei letzterem sind

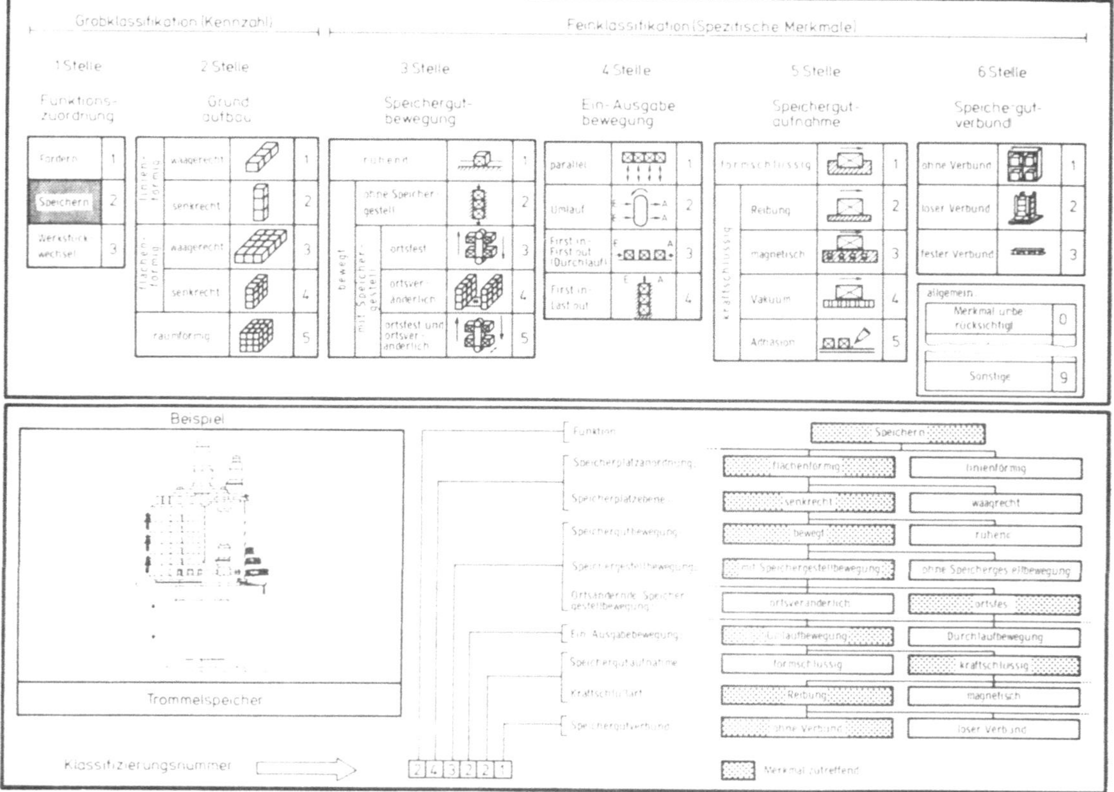

Bild 36: Klassifizierung von Speichereinrichtungen

die Werkstücke aufeinander gestapelt und werden z.B. von einem Industrieroboter entnommen bzw. aufgestapelt.

- Fester Verbund
  Die Werkstücke sind hier durch ein Hilfsmittel, im Extremfall auch in homogener Weise verbunden. Die Möglichkeit, Werkstücke in gegurteter Form bereitzuhalten, wird bei Kleinteilen angewandt, um das Ordnen der Teile zu ersparen bzw. das Zuführen zu erleichtern.

Analog zu den Fördereinrichtungen gibt das aufgeführte Klassifizierungssystem ein allgemeines Lösungsfeld möglicher konstruktiver Ausführungsmöglichkeiten wieder. In ähnlicher Weise sind gebräuchliche Speichereinrichtungen in Bild 37 hinsichtlich ihrer möglichen Einsatzbereiche im Fertigungssystem zusammengestellt.

3.5.2 Einsatzbedingungen für Speichereinrichtungen

3.5.2.1 Zugriffsfolge

Nach der Reihenfolge des Ein- und Ausgebens von Werkstücken unterscheidet man Speicher mit wahlfreiem Zugriff und solche mit fester Zugriffsfolge. Bei Durchlaufspeichern erfolgt die Ausgabe von Werkstücken in der Eingabereihenfolge (first in - first out); bei anderen Speicherformen (z.B. Stapelspeicher) in der umgekehrten Reihenfolge (first in - last out). Der wahlfreie Zugriff ist notwendig, wenn freie Dispositionsmöglichkeiten zur Belegung der Arbeitsstationen gefordert werden.

3.5.2.2 Zugriffszyklus

In Abhängigkeit von der Aufgabenstellung werden Füll- und Entnahmevorgänge gemeinsam oder getrennt ausgeführt (Analogie zur Regalbedienung in Einzel- oder Doppelspielen in der Lagertechnik). Bei Einzelspielen laufen Füll- und Entnahmevorgänge zeitlich getrennt ab. Folglich wird bei einem Doppelspiel der Füll- und Entnahmevorgang mit einem Zugriff erledigt. Diesen Abläufen entsprechend sind

Werkstückabmessungen* in mm		Werkstückmasse in kg	
1	≤ 20	1	≤ 1,0
2	>20 ≤ 100	2	> 1,0 ≤ 4,0
3	>100 ≤ 250	3	> 4,0 ≤ 16,0
4	>250 ≤ 600	4	>16,0 ≤ 64,0
5	>600 ≤ 2000	5	>64,0 ≤ 256,0
6	>2000	6	>256

* max. Kantenlänge
bzw. max. Durchmesser

● Einsatzeigenschaft erfüllt

○ Einsatzeigenschaft mit Einschränkungen erfüllt

1/3 Erfüllungsbereich (z.B. 1...3)

Speichereinrichtungen	Klassifizierungs-nummer	Zugriffsfolge			Zugriffsort				Ein-Ausgabeort		Anordnung und Mobilität			Bewegungsform					Speicherwirkung			räumliche Ausdehnung			Werkstückträgereinsatz			Werkstückabmessungen	Werkstückmasse
		wahlfrei	First in - First out	First in - Last out	Punkt	Linie	Fläche	Raum	gleich	verschieden	stationär: zentral	stationär: dezentral	transportabel	ruhend	Werkstückbewegung	Speicherbewegung: linear	Speicherbewegung: rotierend	Speicherbewegung: umlaufend	nicht aufschließend	selbsttätig auf-	gesteuert schließend	Linie	Fläche	Raum	ohne: Rotationsteil	ohne: Nichtrotationsteil	mit		
Regalmagazin	241 191	●					●			●	●			●					●				●		○	○	●	4…6	4…6
Stapelmagazin	222 412			●	○	●			○	●		●	●	●		●			●			●			●			1…4	1…4
Palettenmagazin	231 111	●					●			●		●	●	●		●			●				●		●	●		1…3	1…3
Umlaufmagazin	223 211	○	●		●				●	●	●	●						●	●	●	●		●		●	●	●	1…4	1…5
Ringmagazin	213 211	○	●		●				●	●	●	●	○				●		●		●		●		●	○	○	1…4	1…4
Trommelmagazin	243 221	○	●			●			●	●	●	●	○				●		●		●			●	●	○	○	1…4	1…4
Kettenmagazin	223 211	○	●		●				●	●	○	●	●					●	●		●		●		●	○	○	1…3	1…4
Bandmagazin	212 322		●		●					●		●				●	●	●	●	●	●	●			○	●	●	1…4	1…3
Schubstangenmagazin	212 311		●		●					●		●			●					●		●			●	●	●	1…3	1…4
Hubbalkenmagazin	213 321		●		●					●		●			●	●			●		○	●			●	●	●	1…4	1…3
Schacht- und Kanalmagazin	222 312		●		●					●		●			●					●		●			●	○		1…3	1…2
Stauförderer	212 322		●		●					●	●	●			●					●		●			○	●	●	3…6	2…6

Bild 37: Einsatzeigenschaften und Kenngrößen von Speichereinrichtungen

Einzelspiele bei zeitunabhängigen Füll- und Entnahmevorgängen z.B. Auffüllen eines Vorratsspeichers und späteres Entleeren oder

Doppelspiele bei zeitabhängigen Füll- und Entnahmevorgängen z.B. Werkstückwechsel bei Arbeitsstationen (Fertigteil aufnehmen, Rohteil ausgeben) erforderlich.

3.5.2.3 Zugriffszeit

Je nach räumlicher Anordnung der Speicher beeinflußt die Zugriffszeit die zeitliche Nutzung und Kapazität von Teilsystemen. Die Zugriffszeit wird wiederum von der Zugriffsfolge und vom Zugriffszyklus beeinflußt (Bild 38).

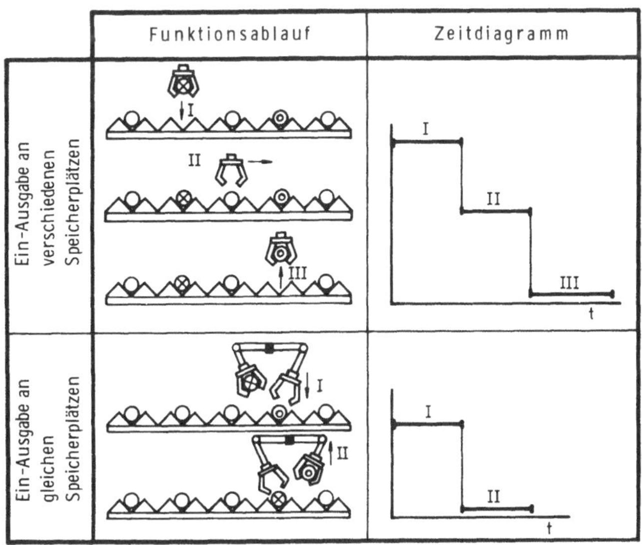

Bild 38: Zugriffszeit bei wahlfreiem Zugriff

Feste Zugriffsfolgen erlauben in der Regel kurze determinierte Zugriffszeiten, da die Werkstücke in fester Reihenfolge an vorgegebenen Orten im Speicher bereitgestellt werden können.

Wahlfreie Zugriffsfolgen erfordern längere stochastisch verteilte Zugriffszeiten, da das Werkstück zunächst zum Bereitstellungsort bzw. die Zugriffseinrichtung zum Speicherplatz bewegt werden muß.

Bei der Betrachtung des Doppelspieles mit wahlfreiem Zugriff läßt sich eine Unterscheidung zwischen gleichen und verschiedenen Ein-Ausgabeplätzen treffen. Der Unterschied ist wesentlich für den Zeitbedarf. Bei gleichem Zugriffsort wird die benötigte Zeit geringer, jedoch erhöht sich der Aufwand, da Doppelaufnahmen z.B. Doppelgreifer in der Zugriffseinrichtung eingesetzt werden müssen.

3.5.3 Kosten von Speichereinrichtungen

Für allgemeine Kostenvergleiche sind die Investitionskosten auf einen Speicherplatz zu beziehen. Zu unterscheiden ist zwischen funktionsreinen Speichereinrichtungen, die nur Speicheraufgaben erfüllen und Einrichtungen, die als Doppelfunktion Förder- und/ oder Speicherfunktionen ausführen. Für speicherfähige Fördereinrichtungen wurden die in 3.4.3.1 ermittelten Kostenwerte umgerechnet auf speicherplatzbezogene Investitionskosten. Die Investitionskosten je Speicherplatz lassen sich aus der erforderlichen Förderbahnlänge und dem evtl. notwendigen Fahrzeug errechnen. Die Kosten hängen dabei im wesentlichen von der Speicherplatzgröße ab (<u>Bild 29</u>). Bei Regalspeichern mit Regalbediengerät sind die Speicherplatzkosten vorwiegend von der Speicherkapazität abhängig, da sich die Investitionskosten für das Regalbediengerät auf die Gesamtzahl der Speicherplätze verteilen. Die Kostenabhängigkeit von der Speicherplatzgröße ist bei Regalspeichern vergleichsweise gering /38/ und wird in diesem Zusammenhang vernachlässigt.

Der Vergleich von Förder-/Speichereinrichtungen zeigt, daß der relative Kostenaufwand für Förder- und Speicherfunktionen unterschiedlich ist. Schleppkreisförderer benötigen z.B. hohe Investitionskostenaufwendungen für Förderfunktionen jedoch - bei größeren Speicherplatzabmessungen - die geringsten Kosten für Speicherfunktionen (<u>Bild 40</u>). Bei Doppelfunktionen taucht daher wiederum die Frage nach kostenminimalen Einsatzbereichen von Förder-/Speichereinrichtungen auf.

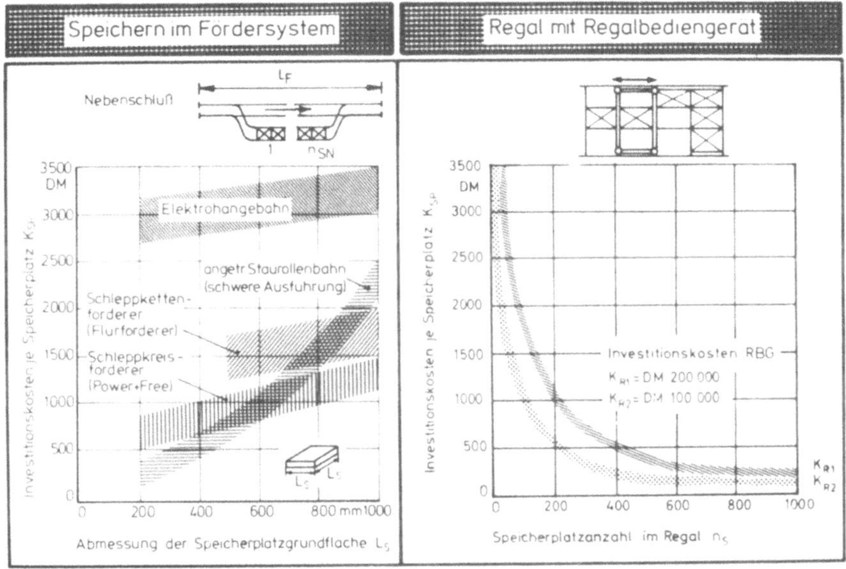

<u>Bild 39:</u> Investitionskostenvergleich von Speichereinrichtungen (Stand 1978)

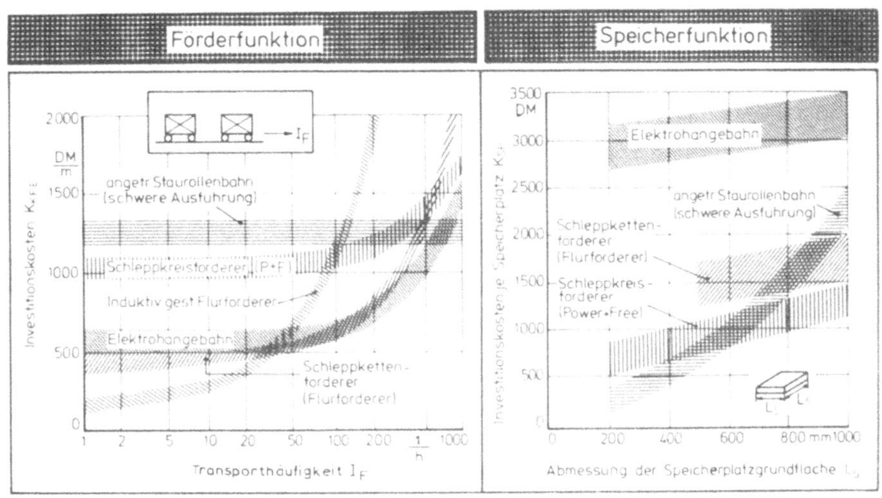

<u>Bild 40:</u> Investitionskostenvergleich für die Funktion Fördern und Speichern (Stand 1978)

Als Maß für den Anteil der Speicherfunktionen am Funktionsumfang läßt sich der Systemparameter "Speicherdichte" D_S definieren (Bild 41). Grundsätzlich muß unterschieden werden zwischen Hauptschluß-und Nebenschlußanordnung. Hauptschlußspeicher verursachen geringere Kosten, da die vorhandene Förderbahn genutzt wird; die Förderbahn ist dann jedoch durch das Speichergut blockiert.

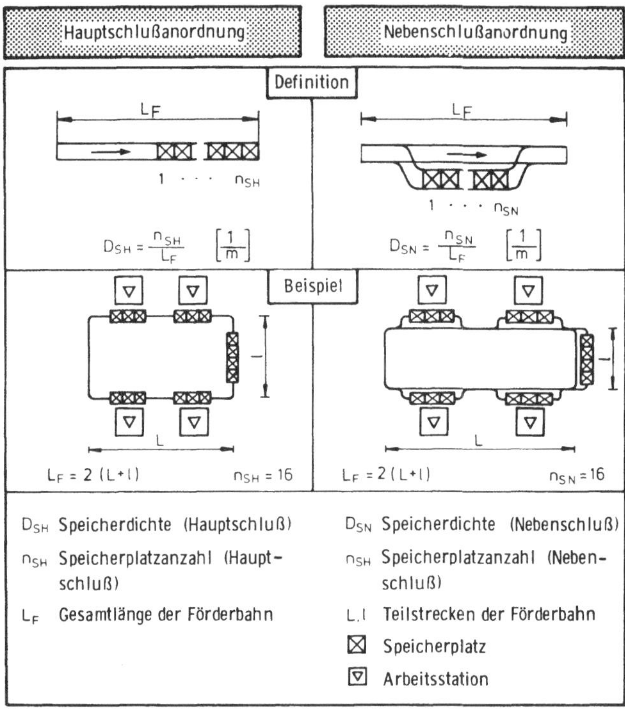

Bild 41: Definition der Speicherdichte D_S für Hauptschluß- und Nebenschlußanordnungen

Das Ergebnis des Kostenvergleiches für integrierte Förder-/ Speicherfunktionen ist am Beispiel der Nebenschlußanordnung in Bild 42 dargestellt. Der Anstiegswinkel weist indirekt auf die Kostenanteile für das Fahrzeug hin. So wird bei der Elektrohängebahn der steile Kurvenanstieg durch die vergleichsweise hohen Fahrzeugkosten verursacht.

Die Fahrzeuge von Unstetigförderern werden beim Speichern aufgestaut und somit "mitgespeichert". Der Bedarf an Fahrzeugen steigt also mit zunehmender Speicherdichte; entsprechend steigt der Investitionsaufwand. Dagegen steigen die Investitionskosten für Stetigförderer bei zunehmender Speicherdichte geringer an; sie sind somit kostenmäßig besser als Unstetigförderer für Speicherfunktionen geeignet. Wie jedoch in 3.4.2.2 gezeigt wurde, sind in bestimmten Fällen höhere als von Stetigförderern erreichbare Fördergeschwindigkeiten notwendig. Werden dann, aufgrund der höheren Fördergeschwindigkeit, Unstetigförderer eingesetzt, ergibt sich bei großer Speicherdichte infolge des starken Kostenanstieges die Notwendigkeit, separate Speichereinrichtungen zu verwenden.

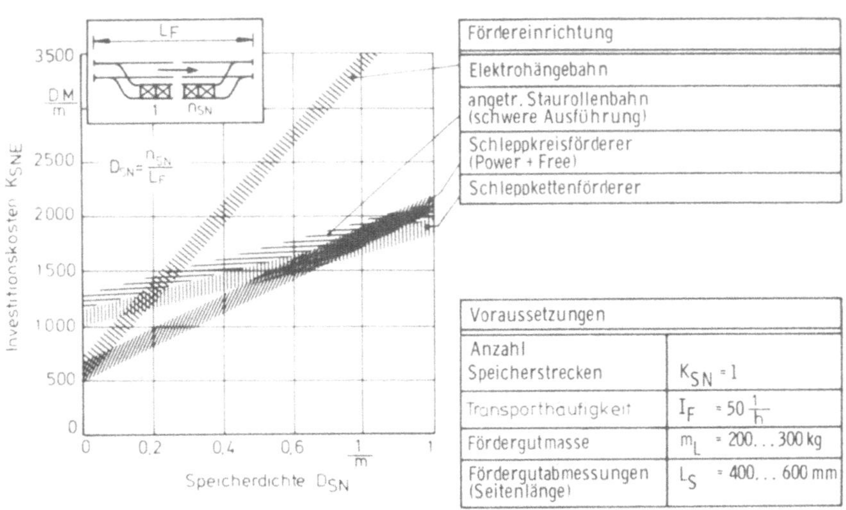

Bild 42: Investitionskosten bei integrierten Förder-/Speicherfunktionen (Stand 1978)

Es ist offensichtlich, daß bei räumlich verteilten Speichereinrichtungen (Speicherzonen) die für jede Speicherzone notwendigen Übergabe- bzw. Ein-Ausgabeeinrichtungen höhere Investitionskosten erfordern als bei einem zentralen Speicher. Deshalb muß auch die räumliche Speicherverteilung V_{SR} berücksichtigt werden.

(3.43) $$V_{SR} = \frac{n_{SG} - \bar{n}_{SM}}{n_{SG}} \qquad \bar{n}_{SM} = \frac{\sum_{i=1}^{k} n_{SMi}}{k}$$

mit n_{SG} ges. Speicherkapazität im System

$\bar{n}_{SM}$ Speicherkapazität je Speicherzone (Mittelwert)

Je größer der Quotient V_{SR} ist, desto stärker sind die Speicherzonen dezentralisiert. Bei sehr stark dezentral verteilten Speicherzonen und großer Speicherdichte entstehen beim Einsatz von Unstetigförderern hohe Kosten entweder durch den Aufwand für separate Speichereinrichtungen oder durch eine große Anzahl "mitgespeicherter" Fahrzeuge. Als Kompromiß zwischen den genannten Alternativen ist deshalb der Einsatz von Förderwagen mit trennbaren Schleppfahrzeugen naheliegend. Sie können einerseits wie Unstetigförderer mit hohen Fördergeschwindigkeiten betrieben werden. Andererseits werden weniger Schleppfahrzeuge und keine separaten Speichereinrichtungen benötigt, da in Speicherplätzen die Antriebe abkoppelbar sind. Eine Zusammenstellung weiterer Einsatzkriterien und der Vergleich mit den bereits erwähnten Speichermöglichkeiten ist in Bild 43 dargestellt. Auf die technische Ausführung einer Lösung mit an- und abkoppelbaren Schleppfahrzeugen wird in Abschnitt 5 eingegangen.

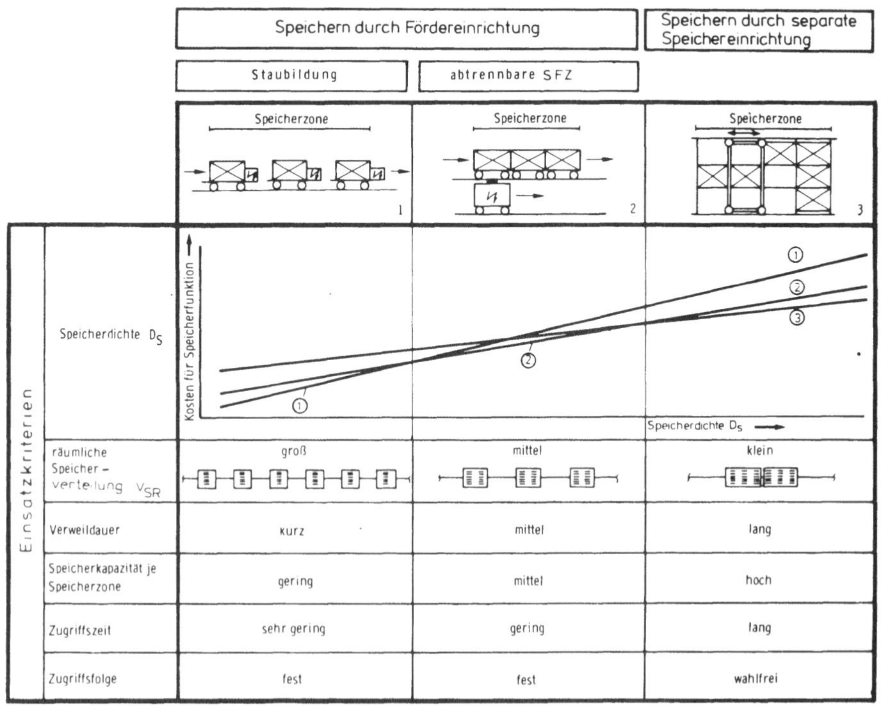

Bild 43: Kriterien zum Einsatz von Speicherprinzipien

3.6 Analyse der Funktion Werkstückwechsel

Werkstückwechseleinrichtungen bilden das Verbindungsglied zwischen Materialflußsystem und Arbeitssystem. Im Gegensatz zu Schnittstellen innerhalb des Werkstückflußsystemes erfolgt immer der Wechsel eines bearbeiteten Teiles gegen ein unbearbeitetes Teil. Die Randbedingungen sind durch die technische Ausführung der Arbeitsstationen, dem Fertigungsablauf und den zeitlichen Anforderungen größtenteils vorgegeben.

3.6.1 Klassifizierung von Einrichtungen für die Funktion Werkstückwechsel

Die bestimmenden Merkmale hinsichtlich des technischen Aufbaus sind in einem Klassifizierungssystem in Bild 44 dargestellt, wobei die

Funktionszuordnung (1. Stelle)
wie bei den Funktionen Fördern und Speichern das zu klassifizierende Objekt definiert.

Grundaufbau (2. Stelle)
Vom Prinzip her ist zu unterscheiden zwischen auflagegebundenen und greifergebundenen Einrichtungen, die flurfrei oder flurgebunden im System angeordnet sind. Im Gegensatz zur Greiferaufnahme bei greifergebundenen Einrichtungen wird bei auflagegebundenen Einrichtungen das Werkstück oder der Werkstückträger auf einer Unterlage über Schieber, Ketten, Rollen etc. weiterbewegt.

Bewegungsebene (3. Stelle)
Je nach Anordnung von Fördereinrichtung und Auf-/Abgabeeinrichtung erfolgen Werkstückwechselbewegungen in waagerechten, senkrechten oder zusammengesetzten Bewegungsebenen. Ein Beispiel für Werkstückwechselvorgänge in der senkrechten Ebene ist die Übergabe von einer Hängebahn zu einer Arbeitsstation.

Anordnung (4. Stelle)
Werkstückwechseleinrichtungen sind in der Arbeitsstation bzw. im Fördersystem integriert oder als externe Einrichtung angeordnet (Bild 45).

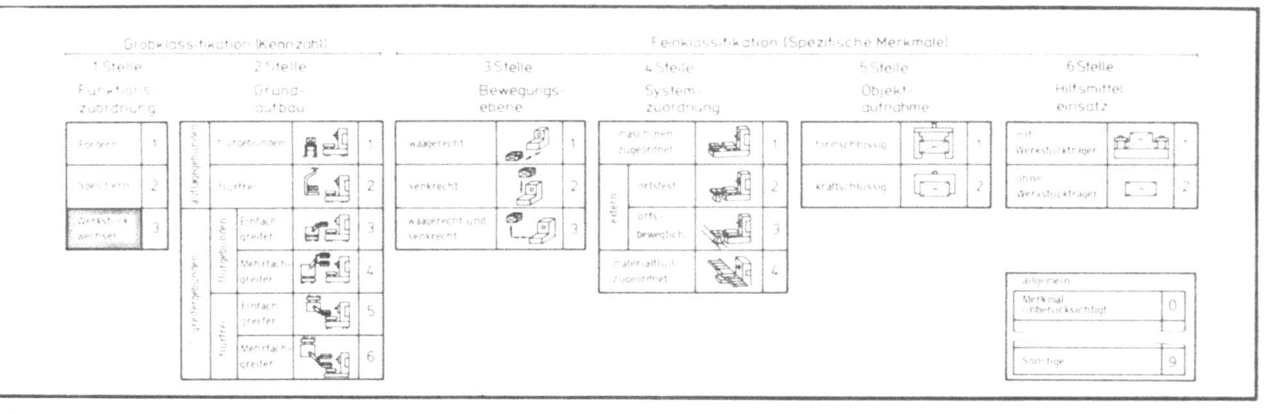

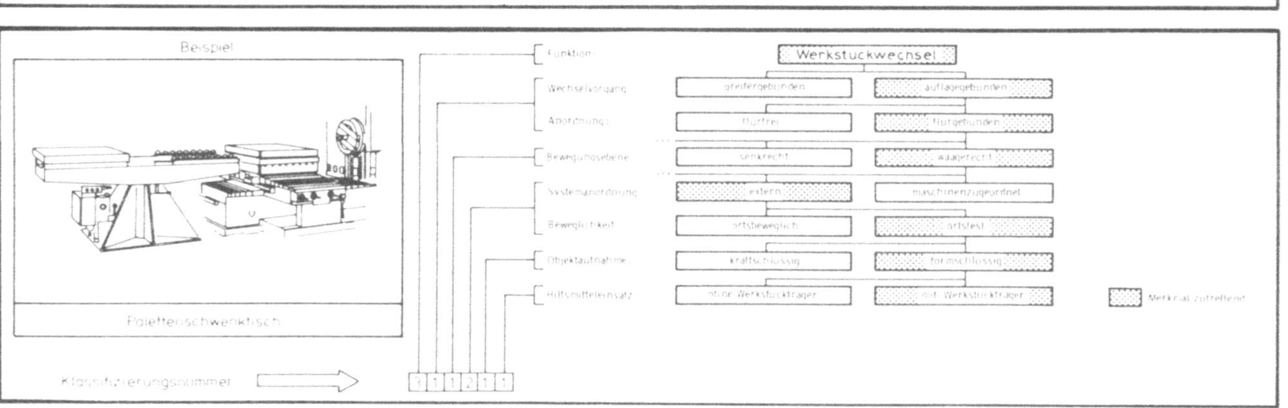

Bild 44: Klassifizierung von Werkstückwechseleinrichtungen

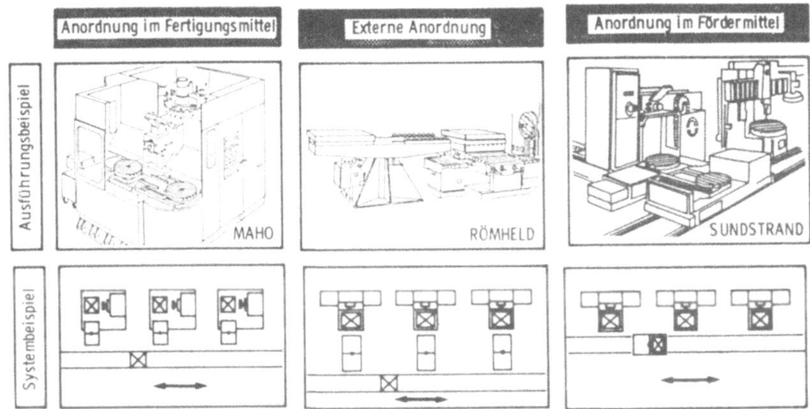

Bild 45: Anordnung von Werkstückwechseleinrichtungen

Hilfsmitteleinsatz (5. Stelle)
Hilfsmittel sind bei prismatischen Werkstücken die Werkstückträger; bei rotatorischen Werkstücken Spanneinheiten die zur Bearbeitung von einem Futtergrundkörper gespannt werden /39/.

Objektaufnahme (6. Stelle)
Nach der Werkstückaufnahme werden hier formschlüssig oder kraftschlüssig wirkende Werkstückwechseleinrichtungen unterschieden.

Werkstückwechseleinrichtungen unterscheiden sich in Abhängigkeit vom Einsatzfall ganz wesentlich nach dem konstruktiven Aufbau. Da greifergebundene Einrichtungen (z.B. programmierbare Handhabungsgeräte) an anderen Stellen untersucht werden /15/, soll hier nicht näher darauf eingegangen werden. Bild 46 beschränkt sich deshalb auf die Zusammenstellung gebräuchlicher Werkstückträgerwechseleinrichtungen für Werkzeugmaschinen.

3.6.2 Einsatzbedingungen für Werkstückwechseleinrichtungen

Der Investitionskostenanteil automatisierter Werkstückwechseleinrichtungen am Gesamtaufwand für den Werkstückfluß ist hoch /40/. Ebenso wird durch die Werkstückwechselzeiten die zeitliche Nutzung der Arbeitsstationen beeinflußt. Aus diesen Gegebenheiten

	Bohr- und Fräsbearbeitung				
	Prinzip	Bearbeiten mit festem Maschinentisch Die Übergabeposition liegt fest		Bearbeiten mit beweglichem Maschinentisch Der Maschinentisch muß in die Übergabeposition gebracht werden	
Palettenwechseleinrichtung bewegt	1. Translatorische Bewegung der Palettenwechseleinrichtung. Anordnung vor dem Arbeitsraum oder seitlich des Arbeitsraumes.	Be- und Entladen der Palette am gleichen Ort möglich. Bewegungseinrichtung für Palettenwechselsystem notwendig.			Bewegliche Palettenwechseleinrichtung nicht unbedingt notwendig, da Positionierbewegung auch von Maschinentisch übernommen werden kann. Be-und Entladen am gleichen Ort möglich. Bewegungseinrichtung für Palettenwechselsystem notwendig.
	2. Palettenschwenktisch Anordnung vor dem Arbeitsraum oder seitlich des Arbeitsraumes.	Be- und Entladen der Palette am gleichen Ort möglich. Bewegungseinrichtung für Palettenwechselsystem notwendig.			Be-und Entladen am gleichen Ort möglich. Bewegungseinrichtung für Palettenwechselsystem notwendig.
	3. Einzelübergabestation Die Werkstücke werden an der gleichen Stelle des Arbeitsraumes ein- und ausgegeben.	Der Wechsel erfolgt außerhalb der Übergabeposition. Deshalb Wartezeit bis anderes Werkstück zur Übergabe herangeführt wird. Techn. Aufwand verringert sich auf eine Übergabestation.			Der Wechsel erfolgt außerhalb der Übergabeposition. Deshalb Wartezeit bis anderes Werkstück zur Übergabe herangeführt wird. Technischer Aufwand verringert sich auf eine Übergabestation.
Palettenwechseleinrichtung unbewegt	4. Schwenken des Rundtisches.	Die Bearbeitungsmaschine muß mit Rundtisch ausgerüstet sein.			Die Bearbeitungsmaschine muß mit Rundtisch ausgerüstet sein.
	5. Anordnung der Palettenwechseltische in der X-Achse.	Wechseln der Palette erfolgt ohne Änderung der Übergabeposition; dadurch kleine Wechselzeiten. Keine Positionierbewegung der Palettentische notwendig. Freie Zugänglichkeit zum Arbeitsraum von vorne.			Positionierbewegung zwischen Übergabestationen bei Palettenwechsel erforderlich. Keine Positionierbewegung der Palettentische notwendig. Freie Zugänglichkeit zum Arbeitsraum von vorne.
	6. Palettenwechseltische vor dem Maschinentisch.	Bei Bearbeitungsmaschinen mit festem Tisch nicht realisierbar.			Positionierbewegung zwischen Übergabestationen bei Palettenwechsel notwendig. Keine Positionierbewegung der Palettentische notwendig. Arbeitsraum von vorne nicht zugänglich.
	7. Maschinentisch zwischen den Palettenwechseltischen.	Bei festem Maschinentisch ergibt sich die Anordnung 5.			Anordnung der Palettentische vor dem Arbeitsraum oder seitlich des Arbeitsraumes. Schlittenweg muß groß genug sein, um Übergabeposition zu erreichen. Während des Werkstückwechsels keine Änderung der Übergabeposition notwendig.

Positionierbewegung

Übergabebewegung

Werkstückträger (Palette) mit Werkstück

Bearbeitungsmaschine mit festem Maschinentisch

Bearbeitungsmaschine mit beweglichem Maschinentisch

Bild 46: Zusammenstellung gebräuchlicher Werkstückträgerwechseleinrichtungen für Werkzeugmaschinen

lassen sich als Zielgrößen für Werkstückwechseleinrichtungen

- geringer technischer bzw. kostenmäßiger Aufwand
  und
- minimale Nebennutzungszeiten der Arbeitsstationen ableiten.

Möglichkeiten zum Reduzieren dieser Größen sind in Anlehnung an /41/ in Bild 47 aufgeführt.

Maßnahmen	Zielgrößen: minimale Nebennutzungszeit der Arbeitsstation	Zielgrößen: minimaler technischer Aufwand	Einflußmöglichkeiten: Fördern	Einflußmöglichkeiten: Bereitstellung Werkstückwechsel	Einflußmöglichkeiten: Arbeitsstation
Verlagern von Handhabungszeiten in die Hauptzeit	↑	↓		●	●
Reduzieren von Bewegungsachsen	↑	↑	●	○	●
Verkürzen von Bewegungswegen	↑	↑	○	○	●
Erhöhen von Geschwindigkeiten	↑	↓	○	●	○
Mehrstationenbedienung	↓	↑	●	●	●

↑ positiver Einfluß
↓ negativer Einfluß
↑↑ Zielgrößen gleichgerichtet
↑↓ Zielkonflikt
● starker Einfluß
○ schwacher Einfluß

Bild 47: Zielgrößen für Werkstückwechselfunktionen

Die technischen Randbedingungen werden zum Teil durch die Werkstückbereitstellung (Förder/Speichereinrichtungen) auf der einen Seite und der Arbeitsstation auf der anderen Seite beeinflußt. Umgekehrt müssen ebenfalls die Bedingungen seitens der Werkstückwechseleinrichtungen berücksichtigt werden. Bei den Arbeitsstationen dominieren jedoch die prozeßbedingten Einflußgrößen, die durch Spannmittel, Werkzeugwechseleinrichtungen, Spänefall, Kühl- und Schmiermittelzufuhr, Wirk - Vorschub - und Zustellbewegungen usw. bestimmt werden. Da vielfältige räumliche (Arbeitsraum), zeitliche (Bewegungsablauf) und technische (Signalaustausch, Energieübertragung) Zusammenhänge existieren, müssen Handhabungsfunktionen in Verbindung mit der Peripherie betrachtet werden.

3.6.3 Kosten von Werkstückwechseleinrichtungen

Die Investitionskosten verteilen sich auf die Werkstückträgerplätze vor der Arbeitsstation und der Spanneinrichtung in der Arbeitsstation. Da sich die technischen Ausführungsformen und Randbedingungen erheblich unterscheiden, sind die Investitionskosten nur fallweise quantifizierbar. Insgesamt sind die Kalkulationen wegen der notwendigen Anpassung an verschiedene Arbeitsstationen uneinheitlich. Die nachfolgend aufgeführten Kostenbereiche sind deshalb nicht als allgemeingültige Werte, sondern als Größenordnungsangaben zu verstehen, die der Vollständigkeit halber zum Vergleich ermittelt wurden.
Herstellerangaben aus dem Jahre 1978 zufolge, sind mit folgenden Kostenschwankungen zu rechnen:

Werkstückträgerwechseleinrichtungen	DM 30.000,-- ... DM 90.000,--
Werkstückträgerspanneinrichtung in der Arbeitsstation	DM 15.000,-- ... DM 35.000,--

Diese Angaben lassen zwei Folgerungen zu:

1. Aufgrund der schwierigen Abschätzbarkeit der hohen Kosten ist bereits in der Planungsphase eine detaillierte Betrachtung der Schnittstellenausführung zwischen Werkstückwechseleinrichtungen und Arbeitsstationen notwendig, da hier erhebliche Einsparungen erzielt werden können.
2. Durch einheitliche Rand- und Anschlußbedingungen für die mechanischen und steuerungstechnischen Einrichtungen sind die Investitionskosten zumindest auf den unteren Bereich der angegebenen Werte reduzierbar.

3.6.4 Wirtschaftlichkeit von Werkstückwechseleinrichtungen am Beispiel des Werkstückträgerwechsels bei prismatischen Werkstücken

Beim Einsatz von Werkstückträgerwechseleinrichtungen werden die Auf-/Abspannvorgänge außerhalb des Arbeitsraumes ausgeführt. Die Lohnkosten verändern sich nicht, da diese Vorgänge lediglich räumlich verlegt sind. Es verbessert sich aber die Zielgröße "minimale Nebennutzungszeit der Arbeitsstation", wenn die

Werkstückträgerwechselzeit kürzer ist, als die Werkstückauf- und -abspannzeit. Die Arbeitsplatzkosten der Arbeitsstation werden höher, da zusätzliche Investitionen erforderlich sind. Im folgenden werden die wirtschaftlichen Einsatzgrenzen aufgezeigt.

Aus Gründen der Zweckmäßigkeit wird hier gemäß Formel (3.44) die Maschinenbelegungszeit T_{AS} unterteilt in die Programmausführungszeit T_P (Ablaufzeit für NC-Programm) und in die Werkstückwechselzeit T_W.

(3.44) $$T_{AS} = T_P + T_W$$

Bei der Werkstückwechselzeit muß unterschieden werden zwischen der Auf-/Abspannzeit T_{WM} (manuell) und der Werkstückträgerwechselzeit T_{WH}. Wird das Werkstück mit Hilfe von Werkstückträgern außerhalb des Arbeitsraumes auf- und abgespannt, geht nicht die Auf-/Abspannzeit sondern nur die kürzere Werkstückträgerwechselzeit in die Belegungszeit mit ein; die Nebenzeit wird somit verkürzt (Bild 48). Werkstückwechsel-Einrichtungen verbessern die zeitliche Nutzung der Werkzeugmaschinen vor allem dann,
- wenn kurze NC-Programmlaufzeiten vorliegen und/oder
- wenn das Auf-Abspannen lange Zeiten erfordert.

Eine Maßzahl für die verbesserte zeitliche Nutzung bildet das Zeitverhältnis α_t

(3.45) $$\alpha_t = \frac{T_P + T_{WH}}{T_P + T_{WM}}$$

Je kleiner dieser Wert ist, umso günstiger wirkt sich der Einsatz von Werkstückwechsel-Einrichtungen auf die Ausbringung aus. Bild 48 zeigt in einem Diagramm den Zusammenhang von unterschiedlichen Auf-Abspannzeiten und Programmlaufzeiten. Bei konstanter Auf-Abspannzeit verkleinert sich das Zeitverhältnis mit abnehmender Programmlaufzeit. Ebenso verkleinert sich das Zeitverhältnis bei konstanter Programmlaufzeit, wenn die Auf-Abspannzeit zunimmt.

Mit Werkstückwechseleinrichtungen wird die Ausbringung erhöht, aber auch der Investitionsaufwand vergrößert. Wirtschaftlich sind diese Einrichtungen deshalb nur dann, wenn sich insgesamt der

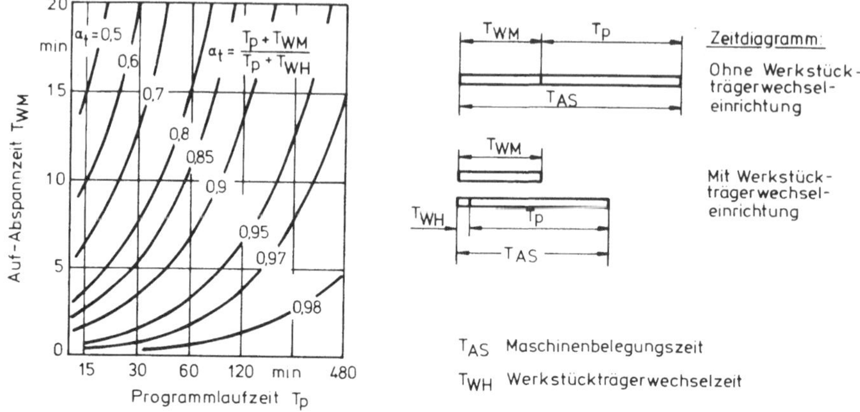

Bild 48: Zeitfaktor α_t beim Einsatz von Werkstückwechseleinrichtungen

Arbeitsplatzkostensatz geringer erhöht als die Ausbringung. Einen Kennwert bildet hierbei das Arbeitsplatzkostenverhältnis β_k.

$$\beta_k = \frac{K_{AH,M}}{K_{AH,O}} \qquad (3.46)$$

mit

$K_{AH,M}$	Arbeitsplatzkosten mit Werkstückwechseleinrichtungen	in DM/h
$K_{AH,O}$	Arbeitsplatzkosten ohne Werkstückwechseleinrichtungen	in DM/h

Bei der Auswahl der kostengünstigsten Fertigungskonzeption müssen demnach, wie bereits erwähnt, sowohl veränderte Arbeitsplatzkosten als auch veränderte Belegungszeiten berücksichtigt werden. Geht man z.B. von einem Bearbeitungszentrum ohne Werkstückwechseleinrichtung aus, erhöhen sich die Arbeitsplatzkosten bei Einsatz von Werkstückwechseleinrichtung, d.h., das Arbeitsplatzkostenverhältnis wird größer als eins. Verringern sich jedoch dann die Belegungszeiten, sinkt auch das Zeitverhältnis und entsprechend dieser Parameterkombination verändern sich die Bearbeitungskosten. Der Einfluß beider Größen auf die Bearbeitungskosten läßt sich mit Hilfe des Diagramms in Bild 49 ermitteln.

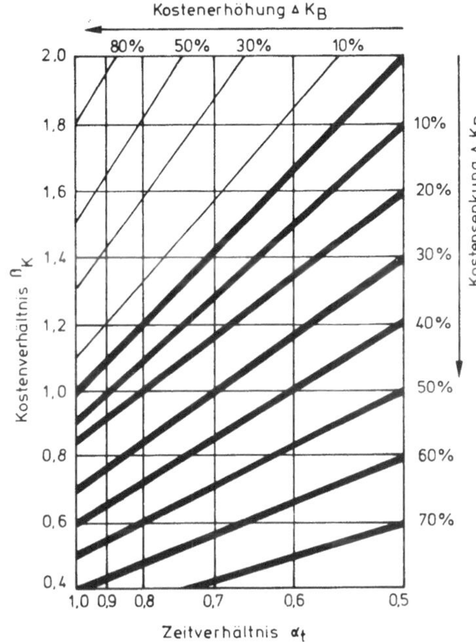

$\beta_K = \frac{K_{AH,1}}{K_{AH,2}}$

$\alpha_t = \frac{T_{AS,1}}{T_{AS,2}}$

$K_{AH,1}$ Arbeitsplatzkosten (Alternative 1)

$K_{AH,2}$ Arbeitsplatzkosten (Alternative 2)

$T_{AS,1}$ Belegungszeit (Alternative 1)

$T_{AS,2}$ " (Alternative 2)

K_B Bearbeitungskosten

Bild 49: Kostenveränderungen in Abhängigkeit von β_k und α_t

Die Arbeitsplatzkosten werden bei kapitalintensiven NC-Maschinen im wesentlichen von der Abschreibung und den Zinsen bestimmt, so daß zur Vereinfachung für erste Grobabschätzungen anstelle des Arbeitsplatzkostenverhältnisses auch das Investitionskostenverhältnis von Maschinen mit bzw. ohne Werkstückwechseleinrichtung herangezogen werden kann.

3.7 Zusammenfassung zur Analyse des Materialflusses und Schlußfolgerungen

Die Untersuchungen in den vorangegangenen Abschnitten konzentrierten sich auf den technischen Aufbau von Verkettungseinrichtungen und die technischen und wirtschaftlichen Einsatzbedingungen in Fertigungssystemen. Zur Systematisierung der vielfältigen konstruktiven Ausführungsformen von Verkettungseinrichtungen wurde ein Klassifizierungssystem erstellt, das als allgemeines

Lösungsfeld bei der Auswahl und Entwicklung von Verkettungseinrichtungen dient. Weiterhin wurden technische und wirtschaftliche Einsatzbereiche für Verkettungseinrichtungen ermittelt.

Für den Planer stellt sich nun das Problem, solche Erkenntnisse zur Lösung von Planungsaufgaben anzuwenden. Dabei sind bestmögliche Planungsergebnisse bei vertretbarem Planungsaufwand zu erzielen; d.h., es wird eine hohe Effektivität des Planungsprozesses gefordert. Dem Planer müssen daher neben sachbezogenen Erkenntnissen auch methodische Hilfsmittel zur Verfügung stehen. Deshalb soll im folgenden Abschnitt 4 eine systematische und methodengestützte Vorgehensweise zur Planung des Materialflusses in Fertigungssystemen entwickelt werden.

Aus der Analyse der Einsatzbedingungen von Verkettungseinrichtungen wurden grundsätzliche Anforderungen wie

- geringe Weglängen (vergl. 3.4.2.1)
- kurze Transportzeiten (vergl. 3.4.2.2)
- Kollisionsvermeidung (vergl. 3.4.2.4)
- Speicherfähigkeit (vergl. 3.5.4)

abgeleitet und technisch konstruktive Lösungen angegeben. Um eine Aussage über deren Realisierungsmöglichkeiten treffen zu können, soll in Abschnitt 5 eine ausgewählte technische Konzeption eines Fördersystems konstruktiv und experimentell genauer untersucht werden.

4 Planung von Materialflußsystemen

Aufgrund der sehr verschiedenen Aufgabenfälle mit unterschiedlichen Randbedingungen ist kein geschlossener Planungsalgorithmus möglich. Schöpferische Planungstätigkeiten beeinflussen noch wesentlich den Verlauf und das Ergebnis der Planung. Jedoch kann die Lösung von Teilaufgaben in Algorithmen gefaßt werden. Zum Speichern relativ großer Informationsmengen und ihrer Verarbeitung nach formalen Abläufen ist der Einsatz der EDV geeignet. Vor diesem Hintergrund wird ein Verfahren zur rechnerunterstützten Auswahl von Verkettungseinrichtungen entwickelt und die Anwendung am Fallbeispiel einer industriellen Planungsaufgabe erläutert.

4.1 Problem der Auswahl von Verkettungseinrichtungen bei der Materialflußplanung

Die Planung des Materialflußsystemes läßt sich ausgehend von der Aufgabenanalyse in drei Planungsabschnitte mit zunehmender Konkretisierung der Lösung aufteilen (Bild 50). Zum Annähern an die optimale Lösung sind im allgemeinen Rückkoppelungen zwischen den Planungsstufen bzw. ein mehrmaliges Durchlaufen des beschriebenen Planungsablaufes in einem Iterationsprozeß notwendig.

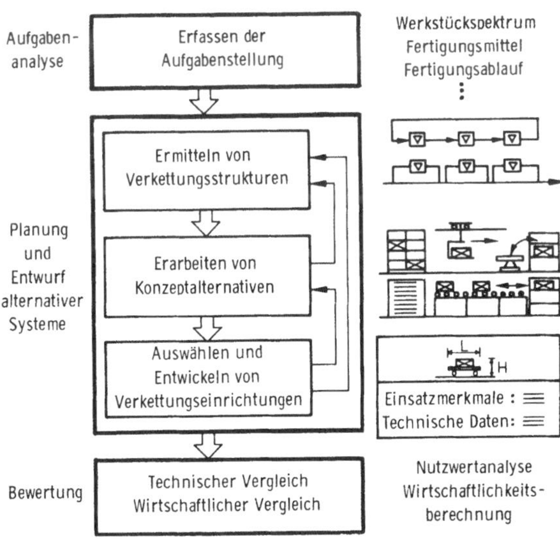

Bild 50: Vorgehensweise zur Planung des Materialflusses in Fertigungssystemen

Der erste Planungsabschnitt umfaßt das Ermitteln der Verkettungsstruktur (Systemfindung). Unter Verkettungsstruktur ist nach /10/ die Gesamtheit der technischen Einrichtungen, die einen automatischen Werkstückfluß ermöglichen und ihre relative Anordnung zu verstehen. Losgelöst von der technischen Ausführung der Verkettungseinrichtungen werden hier die räumlichen und zeitlichen Beziehungen der Funktionen Fördern, Speichern, Werkstückwechseln und Bearbeiten betrachtet.

Der zweite Planungsabschnitt beinhaltet das Erarbeiten von Konzeptalternativen. Diese Aufgabe umfaßt das Festlegen des Groblayouts und der Verkettungseinrichtungen. In diesem Abschnitt ist somit die Art der Verkettungseinrichtungen auszuwählen.

Der dritte Planungsabschnitt umfaßt schließlich die Auswahl konkreter Einrichtungen aus dem Marktangebot, das Erstellen des Pflichtenheftes und gegebenenfalls das Ausarbeiten des Lösungskonzeptes für Sonderentwicklungen (Detaillierung).

Die Bewertung von Zwischenlösungen und endgültigen Lösungen kann z.B. mit Hilfe der Nutzwertanalyse erfolgen. Zum Abschätzen der Investitionskosten ist die in Abschnitt 3 angegebene Kostenstruktur geeignet.

4.2 Lösung des Auswahlproblemes durch ein rechnerunterstütztes Auswahlverfahren

4.2.1 Notwendige Eigenschaften und Bedingungen

Die Lösungsvielfalt der Verkettungseinrichtungen erschwert die Übersicht und den Auswahlvorgang. Die Menge der betrachteten Lösungsmöglichkeiten bleibt in der Praxis gewöhnlich beschränkt, um den Planungsaufwand in wirtschaftlichen Grenzen zu halten. Die Qualität des Ergebnisses hängt dabei vom individuellen Fachwissen, den Erfahrungen und der Übersicht des Planers ab. Mit dem hier beschriebenen Verfahren werden folgende Ziele angestrebt:

1. Bessere Planungsergebnisse durch systematischen Auswahlvorgang.
2. Rationalisieren der Planung, da Suchroutinen zur Auswahl von Lösungen vom Rechner ausgeführt werden.
3. Verringerter Entwicklungsaufwand durch Wiederverwendung von früher erarbeiteten Lösungen.
4. Übersichtlicher und zugriffsgerechter Informationsspeicher durch Verwendung eines Lösungskataloges.

Beim Aufbau des Verfahrens muß von folgenden Gegebenheiten ausgegangen werden:

1. Mehrfachfunktionen von Verkettungseinrichtungen.
2. Unterschiedlicher technischer Aufbau der Einrichtungen.

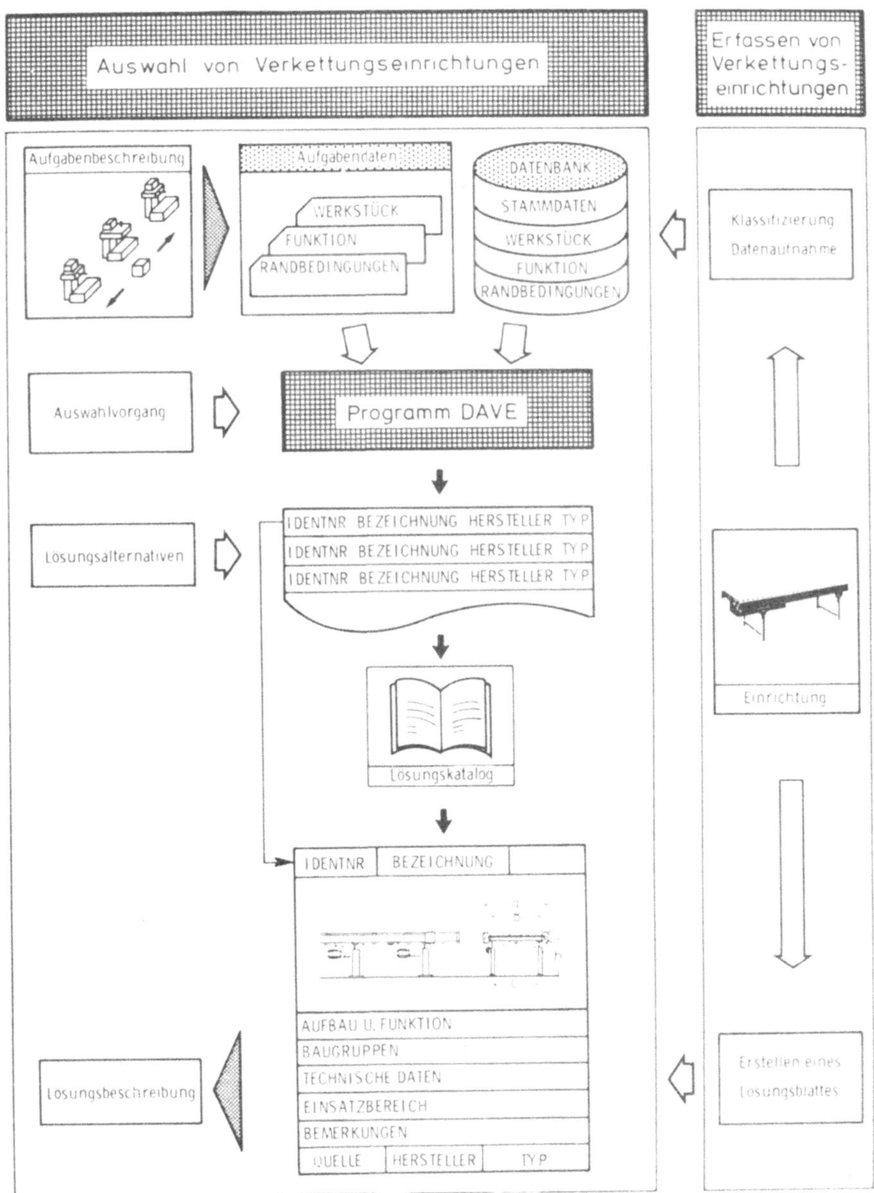

Bild 51: Rechnerunterstütztes Auswahlverfahren für Verkettungseinrichtungen

3. Unterschiedliche Komplexität der Einrichtungen z.B. Schwerkraftrollenbahn - Elektrohängebahn.
4. Anpassung der Einrichtungen an gegebene Randbedingungen.
5. Unterschiedliche Konkretisierung der technischen Lösungen d.h., es ist der gesamte Bereich von käuflicher Einrichtung bis zu Prinziplösungen für Neuentwicklungen abzudecken.

4.2.2 Beschreibung des Auswahlverfahrens

Die Grundidee des Auswahlverfahrens liegt in der Verbindung eines Lösungskataloges mit einem Datenbanksystem. Der Auswahlvorgang beruht auf einem Vergleich des Anforderungsprofiles einer Aufgabe mit dem Eignungsprofil von Verkettungseinrichtungen (Bild 51).

Die Verkettungseinrichtungen mit den dazugehörigen Einsatzmerkmalen sind in einer Datenbank gespeichert und durch Identnummern gekennzeichnet. Die Verkettungsaufgabe wird mit Hilfe einer Merkmalsliste, die hier als Checkliste dient, analysiert und codiert. Ein Auswahlprogramm ermittelt nach den Aufgabenmerkmalen die als Lösung geeigneten Einrichtungen. Diese werden in einer Liste mit Angabe von Identnummer, Hersteller, Typ etc. ausgedruckt. Der Lösungskatalog, der ebenfalls nach dem Identnummernsystem aufgebaut ist, enthält weitere Informationen. Auf Lösungsblättern sind die einzelnen Einrichtungen erfaßt und mit Maß- oder Prinzipskizzen sowie mit Angaben über konstruktiven Aufbau, Einsatzmöglichkeiten usw. versehen. Das Verfahren ermöglicht somit sowohl den Auswahlvorgang als auch das Bereitstellen von technischen Informationen über die gefundenen Lösungen. Die ausführlichere Beschreibung des Auswahlverfahrens ist im Anhang I angefügt.

4.2.3 Möglichkeiten und Grenzen des Auswahlverfahrens

Das System ist zur rechnerunterstützten Planung des Materialflusses flexibler Fertigungssysteme entwickelt worden. Da gleiche und ähnliche Einrichtungen auch in anderen Bereichen eingesetzt werden, kann das System bereichsübergreifend ebenso zur Planung des betrieblichen Materialflusses, von Montagesystemen usw.

benutzt werden. Während der Grobplanungsphase von Fertigungssystemen werden bereits Daten über Verkettungseinrichtungen hinsichtlich ihres Zeitverhaltens, der Tragfähigkeit usw. benötigt, die über das Auswahlsystem abgerufen werden können. Insofern ist das System phasenübergreifend in der Grobplanungsphase (Systemfindung und Konzipierung) und in der Feinplanungsphase (Detaillierung) einsetzbar. Da ebenfalls konstruktive Prinziplösungen enthalten sind, ist das Verfahren auch als Hilfsmittel zur Entwicklung von Verkettungseinrichtungen verwendbar.

Zur Auswahl von Einrichtungen für Teilaufgaben im Materialflußsystem wird vorausgesetzt, daß bei der Erfüllung bestimmter - aus der Aufgabenstellung abgeleiteter - Kriterien, die Einrichtung geeignet ist. Eine Aussage über den unterschiedlichen Eignungsgrad alternativ einsetzbarer Einrichtungen kann das Verfahren jedoch nicht liefern, da die Bewertung nach technischen und wirtschaftlichen Maßstäben sowie die Beurteilung der technischen und organisatorischen Verträglichkeit mit benachbarten Teilsystemen für jeden Planungsfall gesondert erfolgen muß.

Die Grenzen des Verfahrens sind durch die Vollständigkeit der gespeicherten und katalogisierten Lösungen festgesetzt. Die Datenermittlung und das Erstellen der Lösungsblätter erfordert bei sorgfältiger Durchführung relativ viel Aufwand. Weiterhin ist eine ständige Beobachtung des Marktes und sonstiger Quellen zum Aktualisieren der vorhandenen Lösungen erforderlich. Aus diesen Gründen ist daher, wie bereits in /17/ zur Auswahl von Förderhilfsmitteln vorgeschlagen, ein überbetrieblicher Einsatz des Verfahrens sinnvoll.

4.3 Anwendung des Auswahlverfahrens am Fallbeispiel einer industriellen Planungsaufgabe

In einigen industriellen Anwendungsfällen wurde das vorgestellte Auswahlverfahren überprüft. Aus Gründen des Umfanges wird hier nur ein Anwendungsfall in abstrahierter Form dargestellt.

4.3.1 Erfassen der Aufgabenstellung

Die wesentlichen Einflußgrößen der Planungsaufgabe sind in der folgenden Tabelle quantitativ aufgeführt (Bild 52).

Kenngröße	Einheit	Istzustand	Sollzustand
Jahresstückzahl		25 000	58 000
Stückzahl je Tag		100	232
Losgröße minim./norm./maxim.		10/200/500	10/200/500
Werkstückvarianten		21	14
Formgruppen		11	7
Durchlaufgruppen		5	4
Werkstückabmessungen: Lagerdurchmesser minim./maxim. Schaftdurchmesser minim./maxim. Werkstücklänge minim./maxim.	 mm mm mm	 55/70 32/40 562/1 240	 51/70 29,5/40 533/1047
Werkstückmasse minim./maxim.	kg	10/20	10/17
Anzahl Arbeitsgänge minim./maxim.		14/29	14/29
Durchschnittliche Bearbeitungszeit je Werkstück	min	7	7
Bearbeitungszeit minim./maxim.	min	0,8/45	0,8/45
Rüstzeit minim./maxim.	min	0/250	0/250
Arbeitskräfte, 1.Schicht/2. Schicht		22/8	
Jahresstückzahl je Arbeitskraft		758	
Maschinen- bzw. Arbeitsplätze		48	53
Maschinen- bzw. Arbeitsplätze je Arbeitskraft (1.Schicht)		2,2	
Fertigungsfläche L x B	m x m	76,5 x 10,5	ca. 88 x 18
Förderkapazität (WS)	$\frac{1}{h}$	175	305

Bild 52: Kenngrößen der Materialflußaufgabe

4.3.2 Ermitteln der Verkettungsstruktur

Ziel des Planungsabschnittes

Bestimmen geeigneter Strukturmerkmale und Festlegen des zeitlichen und räumlichen Zusammenwirkens der Bearbeitungs- und Materialflußfunktionen.

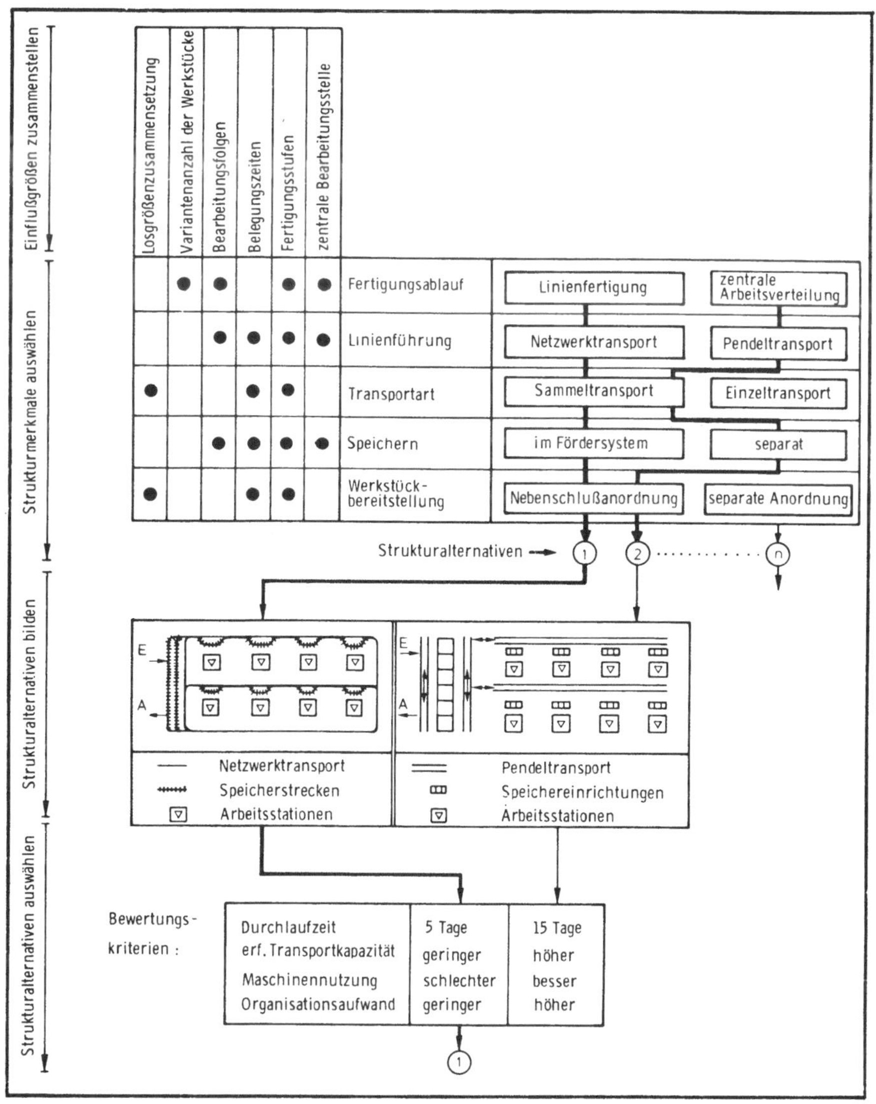

Bild 53: Schematisch dargestellter Ablauf zur Ermittlung der Verkettungsstruktur für einen Beispielfall

Durchführung

1. Einflußgrößen zusammenstellen
2. Strukturmerkmale auswählen
3. Strukturen bilden
4. Bewerten der Strukturalternativen

Nach den in /10/ erarbeiteten Grundlagen werden nach der morphologischen Methode Strukturalternativen gebildet und bewertet. Den Ablauf dieses Planungsabschnittes zeigt Bild 53, das auch die Abhängigkeit der auszuwählenden Strukturmerkmale von den wesentlichen Einflußgrößen darstellt.

Ergebnis

Von den in Bild 53 dargestellten Strukturalternativen wird die Strukturalternative 1 aufgrund der Bewertungsergebnisse als Ausgangspunkt für die weitere Planung ausgewählt. Die Transporteinheiten laufen der Bearbeitungsfolge entsprechend durch die Fertigungslinie. Am Zielpunkt werden sie in eine maschinenzugeordnete Speicherstrecke geleitet. Diese übernimmt die Funktion eines Ausgleichsspeichers (unterschiedliche Belegungszeiten) und eines Ein - Ausgabespeichers (Wartezeiten für Transportvorgänge). Die zentralen Speicherstrecken nehmen Roh- und Fertigteile sowie Halbfertigteile zur Behandlung in einem zentralen Wärmebehandlungsbereich auf.

4.3.3 Erarbeiten von Konzeptalternativen

Ziel des Planungsabschnittes

Festlegen von Art und Anordnung der Verkettungseinrichtungen und Ausarbeiten des Systemlayoutes.

Durchführung

1. Ermitteln der Anforderungen
2. Bestimmen der konstruktiven Merkmale und Einrichtungen
3. Verträglichkeit der Funktionsträger prüfen
4. Bewerten der Konzeptalternativen

Nach der vorgegebenen Verkettungsstruktur sind Förder- und Speicherfunktionen mit gleichen Einrichtungen auszuführen und deshalb im morphologischen Schema gemeinsam aufgeführt (Bild 54). Das in Abschnitt 3 erarbeitete Klassifizierungssystem bildet das Lösungsfeld zum Ermitteln geeigneter Einrichtungen. Die projektspezifischen Anforderungsparameter führen zu einem eingeschänkten Lösungsfeld. Da als Planungsziel ein möglichst geringer Entwicklungsaufwand vorgegeben war, sind aus dem verbliebenen Lösungsfeld nur käufliche Einrichtungen auszuwählen. Wie in Bild 54 als Beispiel angegeben, erweisen sich z.B. Elektrohängebahnen als geeignete Förder-/Speichereinrichtungen.

Der beschriebene Auswahlvorgang läßt sich mit Hilfe des Identnummernsystems des Lösungskataloges (Angabe der Konkretisierungsstufe) manuell oder rechnerunterstützt durchführen.

Die zur Lösung geeigneten Verkettungseinrichtungen lassen sich in einem morphologischen Kasten einordnen. Die Summe aller möglichen Lösungskombinationen führt i.a. zu einer kaum überschaubaren Vielzahl von Konzeptalternativen. Eine Begrenzung auf eine geringere Anzahl brauchbarer Alternativen erfolgt durch zwei Schritte:

1. Vergleich der Einrichtungen für eine Funktion und Ausscheiden von Einrichtungen mit vergleichweise geringer Eignung. Das Ringmagazin wird z.B. wegen des geringen Raumnutzungsgrades als Lösung ausgeschieden.
2. Prüfung der technischen und organisatorischen Verträglichkeit der Verkettungseinrichtungen. Der Einsatz des senkrecht angeordneten Prismenmagazines ist z.B. nur in Verbindung mit flurfrei angeordneten Fördereinrichtungen wie Elektrohängebahnen oder Schleppkreisförderern zweckmäßig.

Die gefundenen Konzeptalternativen sind schließlich mit Hilfe eines Kriterienkataloges und auf der Grundlage von kostenbestimmenden Systemparametern zu bewerten.

Ergebnis

Eine Konzeptalternative ist in Bild 54 graphisch hervorgehoben.

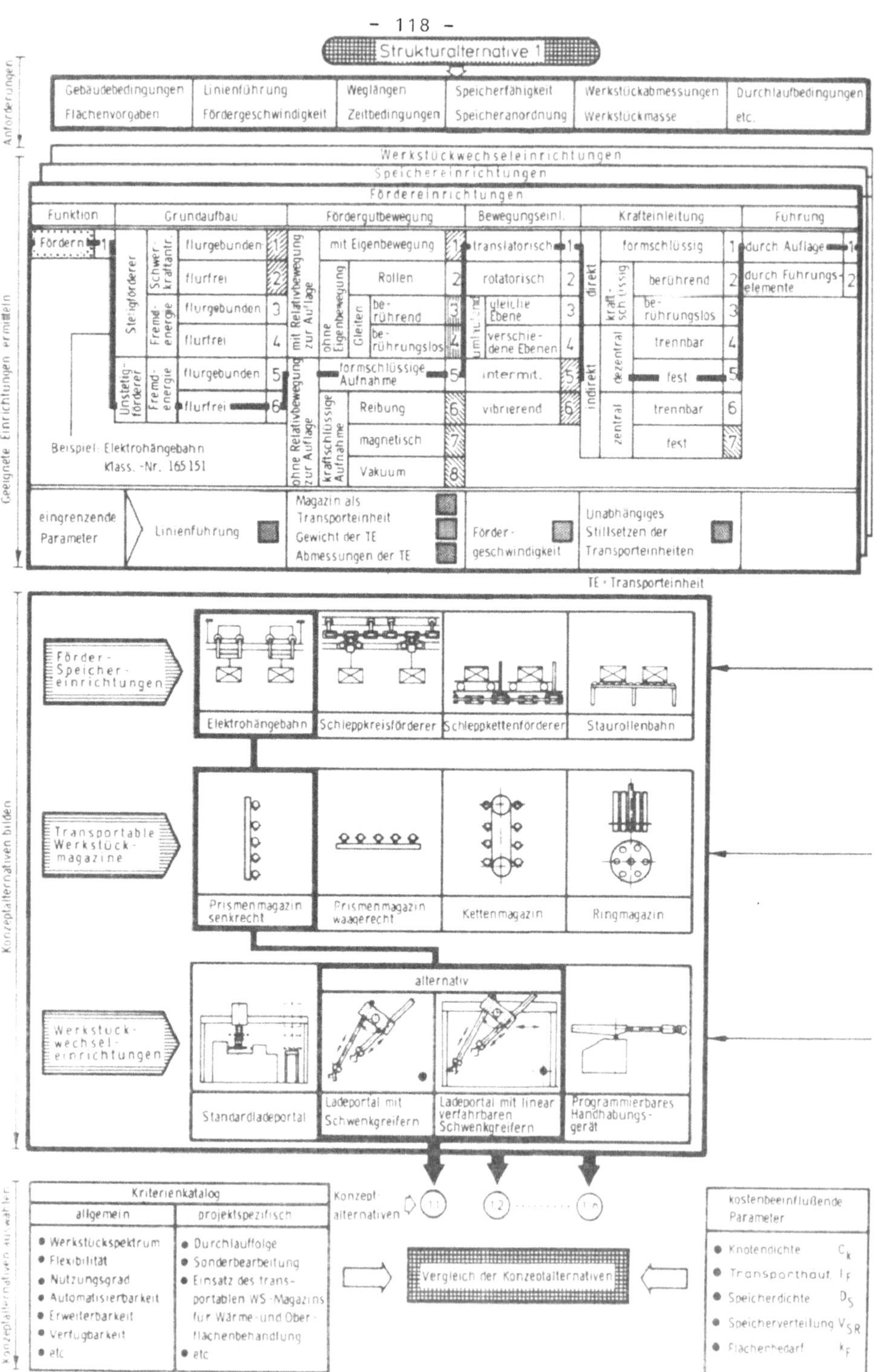

Bild 54: Erarbeiten von Konzeptalternativen

Als Fördersystem wird eine Elektrohängebahn eingesetzt. Verbunden mit einem senkrecht angeordneten Prismenmagazin ist der Flächenbedarf am geringsten. Die Transport- und Bearbeitungslage erfordert Ladeportale mit Schwenkgreifern, die je nach Arbeitsraum der Fertigungsmittel linear verfahrbar sein müssen.

Die Konzeptalternativen stehen nach diesem Planungsabschnitt fest. Im nächsten Arbeitsschritt müssen die geeigneten Einrichtungen ausgesucht und sofern notwendig, den speziellen Bedingungen angepaßt werden.

4.3.4 Auswählen und Entwickeln von Verkettungseinrichtungen

Ziel des Planungsabschnittes

Auswählen von käuflichen Einrichtungen.
Auswahl von Lösungen für Sonderentwicklungen.

Durchführung

1. Beschreiben der geforderten Einsatzmerkmale (vergl. 4.2.3.1)
2. Rechnerunterstützte Auswahl (vergl. 4.2.3)
3. Bewerten der Lösungen

Ergebnis

Für die vorgegebene Aufgabe wurden geeignete Elektrohängebahnen mit Angabe von Hersteller, Typbezeichnung und technische Daten ausgewählt und an die in Bild 55 gezeigten Linienführung angepaßt. Von Prinziplösungen ausgehend waren für das transportable Werkstückmagazin neue konstruktive Lösungen zu entwickeln.

Die in Bild 56 dargestellte Werkstückwechseleinrichtung wurde mit einem Hersteller von Ladeportalen so abgestimmt, daß das Sonderladeportal aus Bausteinelementen dieses Herstellers mit geringem Konstruktionsaufwand zusammengesetzt werden konnte.

Bild 55 zeigt einen Layoutausschnitt sowie einen Teil der Systembeschreibung. Die formale Gliederung der Systembeschreibung nach einheitlich qualitativ und quantitativ beschriebenen Merkmalen gewährleistet einen schnellen Überblick sowie gute Vergleichsmöglichkeiten mit weiteren Alternativen.

VERKETTUNGSSTRUKTUR	
Fertigungsablauf:	Linienfertigung
Linienführung:	Netzwerktransport
Transportart:	Sammeltransport
Speichern:	im Fördersystem
Werkstück-Bereitstellung:	Nebenschluß-anordnung

xxx Fertigungsmittel
Förderstrecke
Speicherstrecke
Querausschleuse
Weiche

TECHNISCHES KONZEPT	
Fördern:	Elektrohängebahn
Klass.-Nr.:	165 141
Speichern:	Elektrohängebahn
Klass.-Nr.:	212 311
Transport-magazin:	senkrechtes Prismenmagazin
Klass.-Nr.:	221 111
automatische Handhabung:	Sonderladeportal
Klass.-Nr.:	363 212
manuelle Hand-habung:	Servogreifgeräte

TECHNISCHE DATEN	
Fahrwerksausführung:	Doppelfahrwerk
Bahnlänge:	700 m
Anzahl Weichen:	10
Anzahl Querausschleusen:	38
Anzahl Fahrzeuge	150
Fördergeschwindigkeit:	0,8 m/s
Steuerung:	Ziel-Auffahr-steuerung
Anzahl WS-Plätze je Transportmagazin	10
Magazinlänge:	1 400 mm

KENNZAHLEN	
Kooperationsgrad	$\varkappa$: 2.88
mittl. Transport-häufigkeit	I_F : 102 $\frac{1}{h}$
Knotendichte:	C_K : 0,07 $\frac{1}{m}$
Speicherdichte:	D_{SN}: 0,21 $\frac{1}{m}$
Speicherverteilung:	V_{SR}: 0,02
Flächenkoeffizient:	k_F : 0,2
theoretische Durch-laufzeit:	T_{DZ}: 90 h
Jahresstückzahl / Mitarbeiter	F_{AK}: 983
WS-Durchlauf-gruppen	n_{WS}: 5

LAYOUT

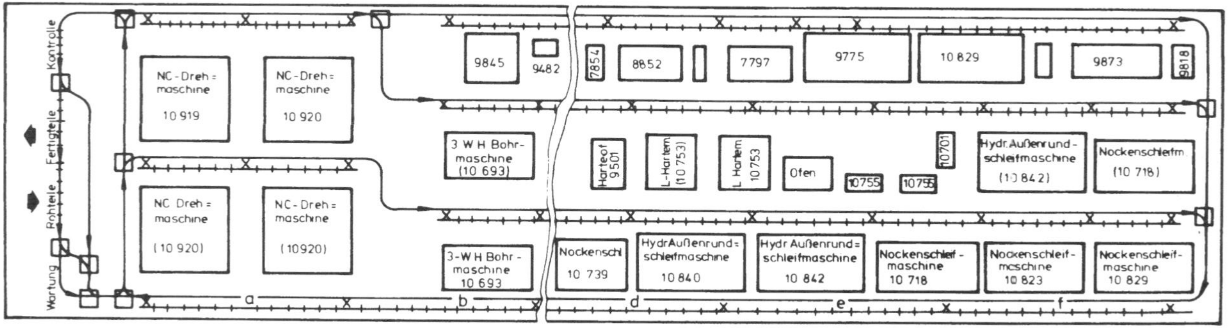

Kontrolle
Fertigteile
Rohteile
Wartung
NC-Dreh=maschine 10 919
NC-Dreh=maschine 10 920
NC Dreh=maschine (10 920)
NC-Dreh=maschine (10920)
9845
9482
3 W H Bohr-maschine (10 693)
3-W H Bohr-maschine 10 693
7854
8852
7797
9775
10 829
9873
9818
Harteof 9501
L-Hartem (10 753)
L Hartem 10 753
Ofen
10755
10755
10701
Hydr. Außenrund-schleifmaschine (10 842)
Nockenschleifm (10 718)
Nockenschl 10 739
Hydr Außenrund=schleifmaschine 10 840
Hydr Außenrund=schleifmaschine 10 842
Nockenschleif-maschine 10 718
Nockenschleif-maschine 10 823
Nockenschleif-maschine 10 829
a
b
d
e
f

Bild 55: Beschreibung einer Werkstückflußkonzeption

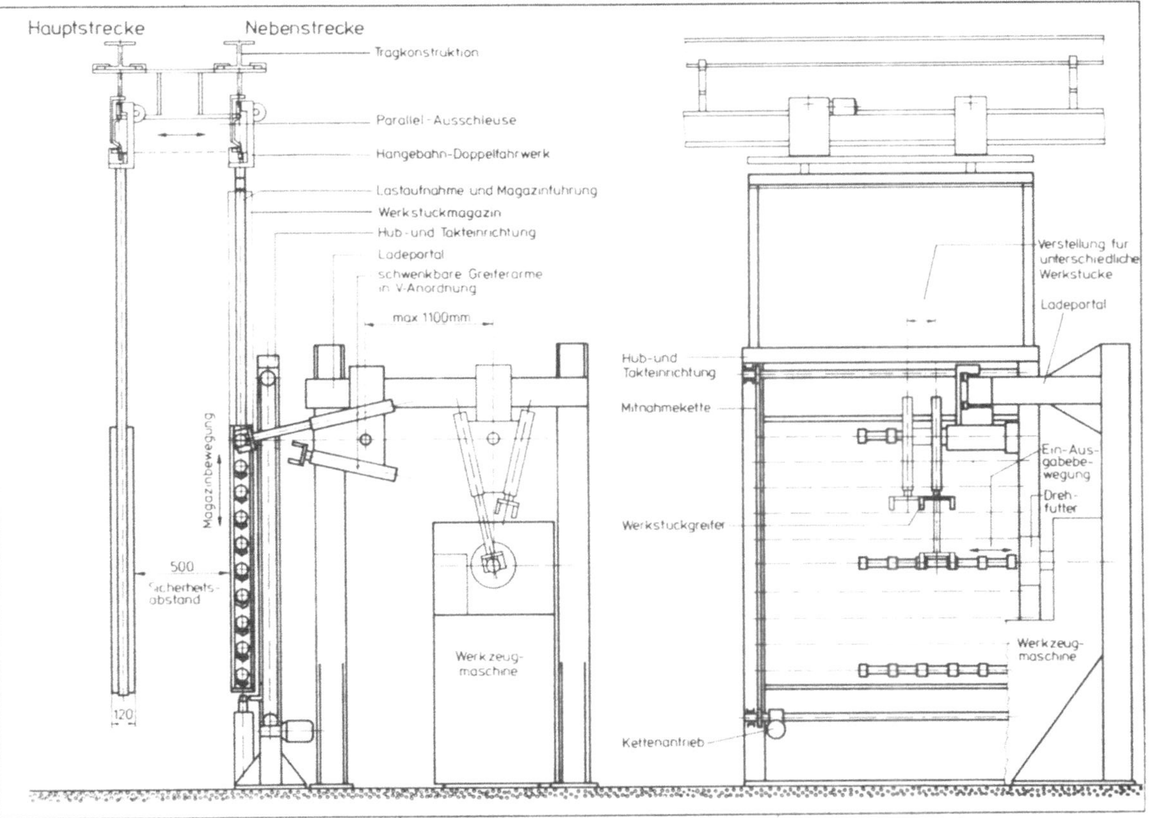

Bild 56: Werkstücktransport und Werkstückwechsel

4.3.5 Technische und wirtschaftliche Bewertung von alternativen Planungsergebnissen

Ziel der Bewertung

Vergleich von Systemalternativen und Ermitteln der besten Systemlösung.

Durchführung

Zum Ermitteln des Anwendernutzens einer Systemalternative ist neben der betriebswirtschaftlichen Bewertung ebenfalls der Grad der Aufgabenerfüllung als Entscheidungskriterium mit zu berücksichtigen. Hier liegen der Bewertung zum Teil nur schwer quantifizierbare bzw. nicht quantifizierbare Kriterien zugrunde. Ein geeignetes Verfahren zum Berücksichtigen nicht quantifizierbarer Kriterien ist in der Nutzwertanalyse zu sehen /43/.

Die Methoden der Wirtschaftlichkeitsrechnung /26/ sowie der Nutzwertanalyse werden hier als bekannt vorausgesetzt und am Fallbeispiel nicht nachvollzogen. Vielmehr werden die Ergebnisse und ihre Bedeutung erläutert.

Ergebnis

Der Einsatz der in 4.3.3 erläuterten Lösungsalternativen bewirkt eine wesentliche Steigerung der Produktivität durch zeitlich verkürzte automatisierte Werkstückwechselvorgänge an Engpaßmaschinen. Aufgrund des hohen Werkstückgewichtes (Einsatz von Hebezeugen) liegt die Vorgabezeit für manuellen Werkstückwechsel bei 80 s. Die automatisierten Werkstückwechseleinrichtungen benötigen ca. 20 s. Die mittlere Belegungszeit von 7,5 min. wird somit um 1 min. verkürzt. Folglich erhöht sich die Fertigungskapazität einer Gesamtlinie um ca. 13% ohne zusätzlichen Personal- und Maschineneinsatz.

In Bild 57 ist der Vergleich von Systemalternativen nach quantifizierbaren und nicht quantifizierbaren Kriterien dargestellt. Der Kostenvergleich bezieht sich nur auf die Kostenarten, die sich durch die jeweiligen Systemalternativen verändern. Die Rangfolge des Anwendernutzens (Nutzwertanalyse) sowie die Rangfolge bezüglich der Stückkosten (Kostenvergleich) ist gewöhnlich ungleich. Deshalb dienen die beschriebenen Ergebnisse zwar als wirksame Entscheidungsgrundlagen, die tatsächliche Entscheidung bleibt jedoch dem Planungsgremium vorbehalten und ist endgültig erst nach der Angebotsphase zu treffen.

Wirtschaftlichkeitsrechnung

		ISTZUSTAND	ALTERNATIVEN 1.1	ALTERNATIVEN 1.2
	Jahresstückzahl WS/a	25 000	58 000	58 000
	Jahresstückzahl / Arbeitskraft WS/(a·AK)	757	983	805
veränderliche Kosten K_i DM/WS	Löhne	55,48	42,72	52,17
	Fertigungsmittel	56,27	49,89	52,14
	Abschreibung	1,20	3,97	3,37
	Zinsen	0,60	1,99	1,69
	Kapitalbindung	1,73	0,57	0,86
	Instandhaltung	1,12	1,49	1,35
	Rüsten	–	0,20	0,25
	Kostensumme $\sum K_i$ DM/WS	116,40	100,83	111,83
	Einsparung DM/WS		15,57	4,57
Amortisations-rechnung	Investitionsaufwand K_G DM		2 310 000,-	1 950 000,-
	Abschreibung A (linear, 10 %) DM/a		231 000,-	195 000,-
	jährliche Einsparung K_E DM/a		903 060,-	265 060,-
	Amortisationszeit $T_A = \frac{K_G}{A+K_E}$ a		2,03	4,23
	Rangfolge (Amortisationszeiten)		**1**	**5**

Nutzwertanalyse

Zielkriterien m_i:	Kriteriengewicht G_i	1.1 Erfüllungsfaktor E_i	1.1 Zielwert $Z_i = G_i \cdot E_i$	1.2 Erfüllungsfaktor E_i	1.2 Zielwert $Z_i = G_i \cdot E_i$
1. Durchlauffreizügigkeit	2	38	76	28	56
2. Organisationsaufwand	1	20	20	12	12
3. Flexibilität	3	21	63	24	72
4. Zuverlässigkeit	2	21	42	27	54
5. Erweiterbarkeit	2	17	34	20	40
6. stufenweise Automatisierbarkeit	2	27	54	20	40
7. Entwicklungsaufwand	1	13	13	14	14
8. Flächenbedarf	3	20	60	24	72
9. Durchlaufzeit	2	26	52	25	50
Nutzwert $\sum_1^9 Z_i = \sum_1^9 G_i \cdot E_i$ (Punkte)			414		410
Rangfolge (Nutzwerte)			**3**		**4**

Bild 57: Vergleich von Planungsalternativen

5 Entwicklung eines linearmotorgetriebenen Palettenfördersystems

Für die Anforderungen in Fertigungssystemen wurde ein im folgenden Abschnitt beschriebenes Palettenfördersystem konzipiert. Diese Konzeption war technisch noch nicht realisiert worden und konnte somit nur auf der Basis theoretisch, analytischer Überlegungen bewertet werden. Da jedoch teilweise neuartige technische Elemente und Verfahren eingesetzt werden, waren keine hinreichend genauen Aussagen über die anwendungstechnischen Eigenschaften möglich. Das Konzept wurde deshalb konstruktiv ausgearbeitet und als Versuchsanlage aufgebaut. Die Erkenntnisse und Erfahrungen, die bei der Entwicklung, dem Bau und den experimentellen Untersuchungen gewonnen wurden, sind über die rein projektorientierten Arbeiten hinaus auch allgemein zur Planung und Entwicklung von Fördersystemen einsetzbar.

5.1 Ausgangsüberlegungen und Systemkonzeption

Ausgehend von den in Abschnitt 3 untersuchten Einsatzbedingungen soll ein System entworfen und untersucht werden, das folgende Eigenschaften aufweist:

- geringe Beschleunigungs- und Positionierzeiten,
- geringe Übergabezeit,
- hohe Fördergeschwindigkeit,
- unbehinderte Last - Leerfahrten,
- kostengünstige Speicherfähigkeit.

Es zeigte sich, daß insbesondere die Anforderungen nach "kurzen Transportzeiten" und "kostengünstiger Speicherfunktion" von gebräuchlichen Fördereinrichtungen nur unzureichend erfüllt werden und deshalb geeignetere Lösungen zu suchen waren.

Zur Lösungsfindung wurden mit Hilfe der morphologischen Methode Konzeptalternativen erarbeitet und durch eine Nutzwertanalyse bewertet. Das ausgewählte Lösungskonzept /44/ entspricht der Klassifizierungsnummer 152142 und wird nach Bild 58 durch die folgenden Merkmale charakterisiert:

- Als Antriebe können Linearmotoren oder konventionelle Antriebe eingesetzt werden.
- Mit Rollen versehene Paletten werden von an- und abkuppelbaren Schleppfahrzeugen bewegt.
- Schleppfahrzeuge und Paletten fahren auf getrennten Ebenen.
- Für die Schleppfahrzeuge sind zwei parallel laufende Spuren vorhanden.

Das Gewicht der Schleppfahrzeuge ist wesentlich kleiner als das Gewicht der Palette mit Last. Bei konventionellen Antrieben muß daher der Reibschluß durch zusätzliche Belastung der Schleppfahrzeuge durch die Palette oder durch Anpreßeinrichtungen vergrößert werden. In anderen Fällen wären formschlüssige Einrichtungen, z.B. Zahnrad mit Zahnstange zu wählen.

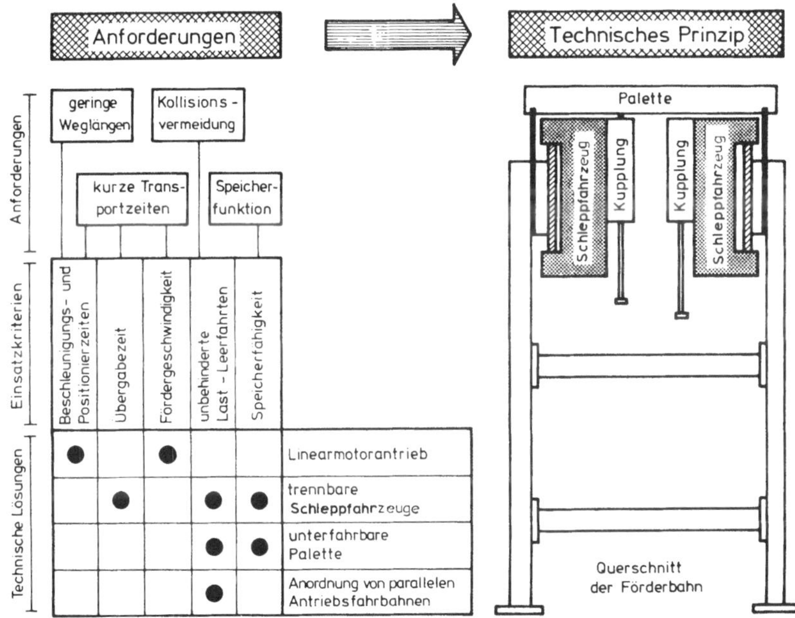

Bild 58: Zusammenhang von Anforderungen und technischem Prinzip der Konzeption

Die Antriebskraft wird bei Linearmotoren dagegen berührungslos und unabhängig von der Haftreibung übertragen /45...48/. Das Beschleunigungsvermögen bleibt von mechanischen Gliedern unbeeinflußt. Aufgrund des berührungslosen Antriebes tritt kein Verschleiß auf. Diese Vorteile kommen insbesondere bei Antrieben mit hoher dynamischer Beanspruchung zum Tragen. Das ausgewählte Konzept gestattet es jedoch, daß bei geringeren Leistungsanforderungen auch konventionelle Drehstrommotore verwendbar sind.

Da die Schleppfahrzeuge selbständig an- und abgekuppelt werden können, wird die Anzahl der notwendigen Schleppfahrzeuge beträchtlich verringert. Der Platzbedarf in Speichern und Arbeitsräumen der Arbeitsstationen reduziert sich ebenfalls. Aufgrund der rollfähigen Paletten ergibt sich einerseits ein einfacher

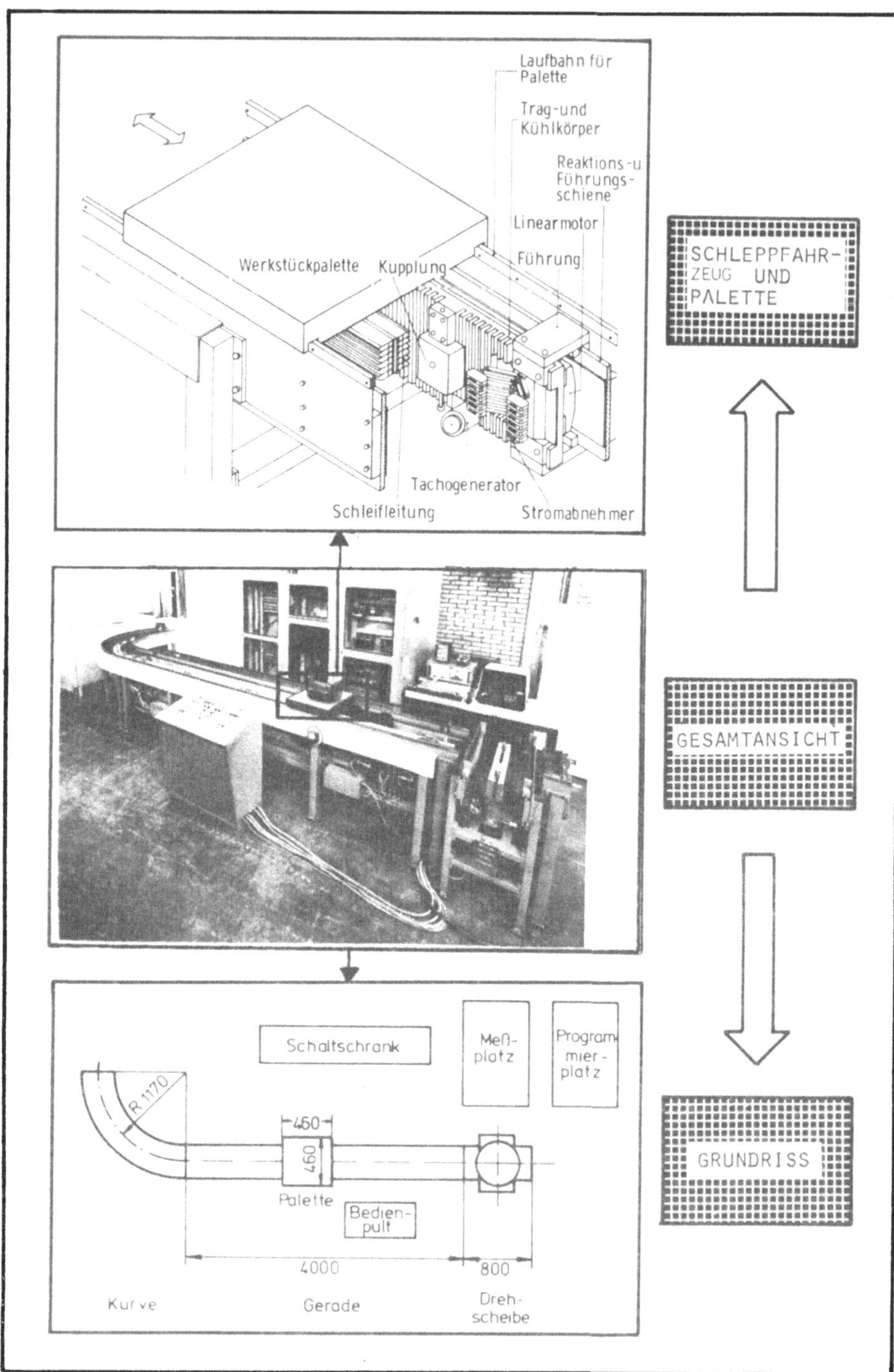

Bild 59: Aufbau der Versuchsanlage

Aufbau der Förderstrecke, da z.B. im Vergleich zur Rollenbahn lediglich zwei Führungsschienen notwendig sind, andererseits entfällt ein zusätzliches Fahrzeug zur Aufnahme der Palette. Die Förderstrecke ist nach Entnahme der Palette nicht durch leere Fahrzeuge blockiert.

Die Schleppfahrzeuge bewegen sich auf einer Ebene unterhalb der Paletten. Bei dieser Anordnung können ruhende Paletten unterfahren werden. Die Verfügbarkeit des Gesamtsystems erhöht sich, da die Paletten im Störungsfall von den Schleppfahrzeugen unbehindert manuell verschoben werden können.

Die Schleppfahrzeuge selbst sind auf zwei parallelen Spuren angeordnet. Gegenseitige Behinderungen und Kollisionsgefahren treten nicht auf, so daß Überhol- und Begegnungsmöglichkeiten bestehen. Leerfahrtanteile (Fahrt <u>ohne</u> Palette) und Lastfahrtanteile (Fahrt <u>mit</u> Palette) können aufgrund dieser Anordnung überlappt erfolgen.

Das System ist derzeit als flurgebundene Einrichtung verwirklicht (<u>Bild 59</u>). In ähnlicher Ausführung ist das Prinzip auch als Hängebahn (flurfreie Einrichtung) realisierbar (<u>Bild 60</u>). Eine genaue Beschreibung und die Darstellung ausgewählter Versuchsergebnisse erfolgt im Anhang II.

5.2 Vergleich mit herkömmlichen Systemen und Ausblick

Das System ist gekennzeichnet durch
- hohe Fördergeschwindigkeiten,
- kostengünstige Speichermöglichkeit und
- Überlappung von Leer- und Lastfahrtanteilen.

Somit werden die Vorteile von Unstetigförderern (hohe Geschwindigkeit) und von Stetigförderern (Speicherfähigkeit) vereinigt.

Die überlappte Ausführung von Leer- und Lastfahrten gestattet beim Pendeltransport (<u>Bild 61</u>) höhere Transportkapazitäten. Der Übergang zum Umlauftransport wird daher in den Bereich größerer Transportkapazitäten verschoben. Bei der Anwendung als Umlauf-

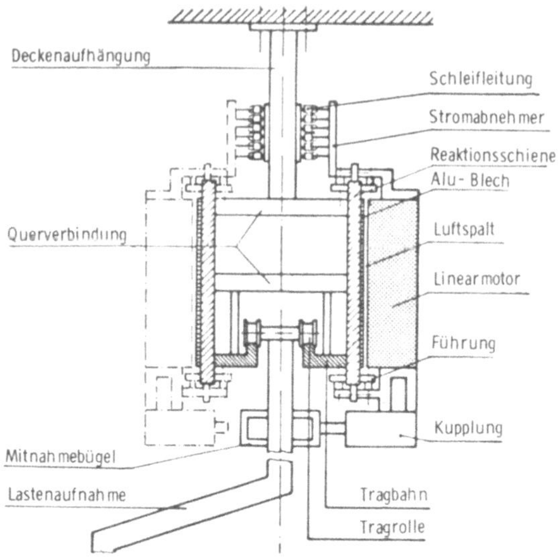

Bild 60: Konzeptvariante als Hängebahn mit an- und abkuppelbaren Schleppfahrzeugen

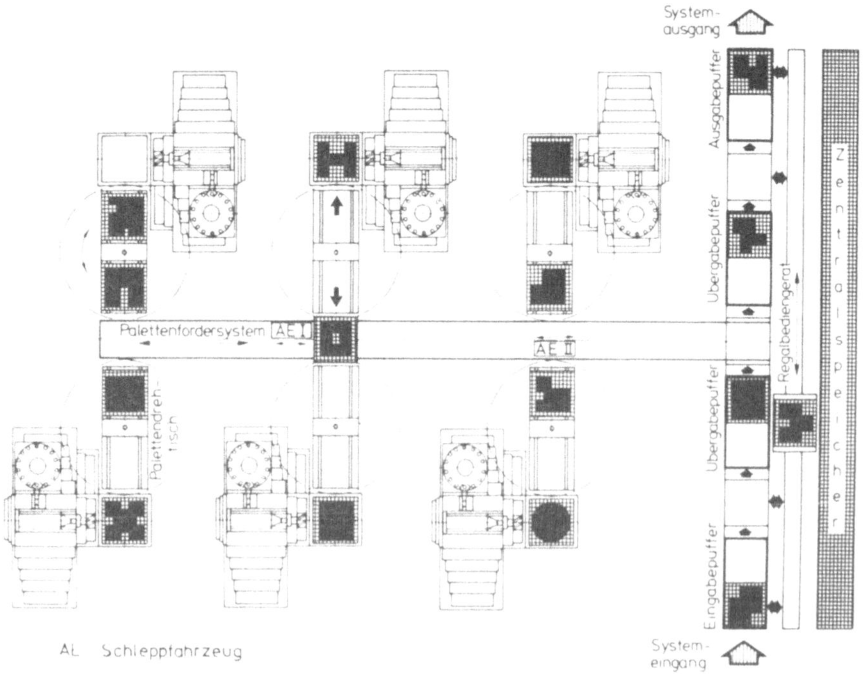

Bild 61: Einsatzbeispiel als Pendeltransportsystem

transportsystem können, zum Verringern der Zahl notwendiger Schleppfahrzeuge, Leerfahrten auch entgegengesetzt zur allgemeinen Umlaufrichtung (minimale Weglänge) ausgeführt werden.

In den laufenden Versuchen ist die Funktionsfähigkeit des Systems nachgewiesen worden. Kurvenfahrten sowie Verzweigungen und Zusammenführungen können demonstriert werden. Bei der Entwicklung wurden neue Wege hinsichtlich der Systemkonzeption und der Antriebe beschritten. Daher dient die Versuchsanlage in erster Linie zur Untersuchung der Systemeigenschaften und der Systemkomponenten. Die Konstruktion und der Bau erfolgte jedoch unter anwendungstechnischen Gesichtspunkten. Die Anlage kann deshalb als Prototyp für industriell eingesetzte Palettenfördersysteme dieser Bauart betrachtet werden.

Lösungsmöglichkeiten für den Einsatz dieses Systems als integriertes Werkstück-Werkzeugfördersystem sind in /53/ aufgezeigt. Die wirtschaftliche Bedeutung solcher Lösungen liegt im verringerten Investitionsaufwand, da Doppelinvestitionen für jeweils getrennt vorhandene Werkstück-Werkzeugflußsysteme entfallen.
Ein Ausführungsbeispiel zur Übergabe von Werkstück- und Werkzeugpaletten vom Fördersystem zu den Arbeitsstationen ist in Bild 62 dargestellt.

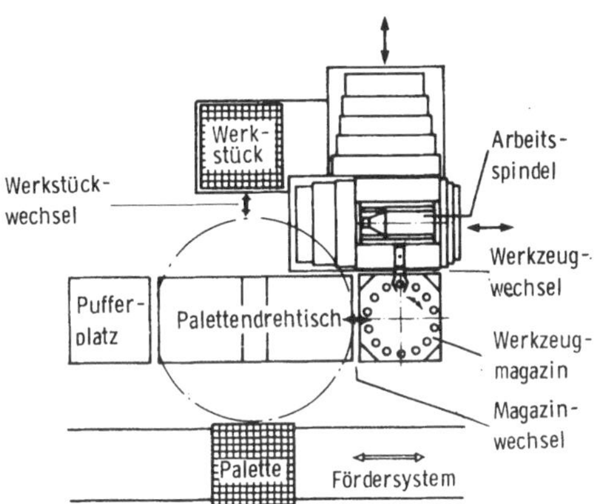

Bild 62: Palettenübergabe bei integriertem Werkstück-Werkzeugtransport

Die Einrichtung besteht aus einem Palettendrehtisch, der z.B. mit Teleskopgabeln zum Abheben der Palette von der Förderbahn ausgerüstet ist. Durch Schwenken um 180° werden die Werkstückpaletten gewechselt. Der Platz für die Werkzeugpalette wird durch Schwenken um 90° erreicht. Bedarfweise können zusätzliche Pufferplätze angeordnet werden.

Entscheidend für die industriellen Einsatzchancen ist das Kosten - Nutzen - Verhältnis, das wesentlich von den Investitionskosten abhängt. Die bisherigen Kalkulationen basieren auf einer handwerklichen Fertigung der Einrichtung und sind deshalb zur Investitionskostenbeurteilung ungeeignet. Kalkulationen für die industrielle Fertigung sind abhängig von der Produktionsmenge, die derzeit nur mit ungenügender Genauigkeit abzuschätzen ist. Genauere Aussagen sind daher erst möglich, wenn der Trend zur Einführung von flexiblen Fertigungssystemen mengenmäßig bestimmbar und der mögliche Aufgabenanteil dieses Palettenfördersystems am Gesamtumfang erkennbar ist.

6 Zusammenfassung

Auf systemtechnischen Untersuchungen zur Materialflußstruktur aufbauend wird als weiterführender Schritt die Auswahl und Entwicklung von Verkettungseinrichtungen für Fertigungssysteme untersucht. Die Einflüsse der Bearbeitungstechnologie auf den Werkstückdurchlauf, die Anordnungsmöglichkeiten der Einrichtungen und die geforderte Flexibilität stehen dabei im Vordergrund.

Bei Überlegungen zur Automatisierung des Werkstückflusses muß vor Investitionsentscheidungen der Wirtschaftlichkeitsnachweis geführt werden. Aus einer Untersuchung der Werkstückflußkosten ließen sich Quantifizierungsansätze ableiten, die in ihrem Ergebnis zu Aussagen über Grenzinvestitionskosten für den wirtschaftlichen Einsatz von Verkettungseinrichtungen führen. Ebenso konnte nachgewiesen werden, daß das Speichern von teuren Werkstückträgern für sogenannte beschickerlose Betriebsschichten in Abhängigkeit von der mittleren Belegungszeit der Arbeitsstationen nur bis zu ganz bestimmten Grenzen wirtschaftlich ist.

Zur gerätetechnischen Realisierung von Materialflußsystemen muß das Zuordnungsproblem Materialflußaufgabe - Verkettungseinrichtung gelöst werden. Die Lösung dieses Problems wird erschwert, durch die Existenz einer kaum überschaubaren technischen Vielfalt von Verkettungseinrichtungen und fehlender Zuordnungsmethoden und -kriterien. Das Erfassen der technischen Vielfalt wurde mit einem Klassifizierungssystem gelöst, das auf einer Zusammenstellung der konstruktiven Prinzipien nach der morphologischen Methode beruht. Mit dem Klassifizierungssystem läßt sich die Lösungsvielfalt von Verkettungseinrichtungen formal und rechnergerecht darstellen, wobei käufliche und nichtkäufliche Lösungen berücksichtigt werden können. Die technisch begründeten Einsatzbereiche von Verkettungseinrichtungen werden mittels Vergleichskriterien und den Einsatzeigenschaften der Einrichtungen angegeben. Die wirtschaftlich vertretbaren Einsatzbereiche werden in Abhängigkeit normierter Systemparameter wie z.B. Transporthäufigkeit und Speicherdichte in allgemeiner Form dargestellt.

Als Hilfsmittel zur methodischen Planung von Werkstückflußsystemen wurde ein rechnerunterstütztes Auswahlverfahren für Verkettungseinrichtungen erarbeitet. Dieses besteht aus einem Lösungskatalog sowie Datenbank- und Auswahlprogrammen für Verkettungseinrichtungen. Der Lösungskatalog ist so aufgebaut, daß außer marktüblichen Einrichtungen auch Prinziplösungen bzw. Sondereinrichtungen dokumentiert werden. Im Sinne der Konstruktionssystematik dient er deshalb auch als Lösungskatalog für Neuentwicklungen. Das Erfassen der Lösungen in einer Datenbank und das Auswählen für bestimmte Aufgaben erfolgt rechnerunterstützt. Aufgrund der größeren Anzahl von betrachteten Lösungsalternativen wird das Planungsergebnis verbessert; da Suchroutinen vom Rechner ausgeführt werden, läuft der Auswahlvorgang schneller ab.

Zum Erproben der beschriebenen Methoden wurde eine industrielle Planungsaufgabe in einem Motorenwerk gelöst. Die Vorgehensweise wichtige Arbeitsschritte und das Ergebnis werden erläutert.

Die Analyse des Materialflusses in Fertigungssystemen zeigte, daß aufgrund ungleicher Belegungszeiten und variablen Durchlaufreihenfolgen bestimmte Anforderungen wie z.B. kurze Transportzeiten und Speicherfähigkeit an das Materialflußsystem gestellt werden. Für diese Anforderungen wurde ein Palettenfördersystem konzipiert. Das Lösungskonzept beinhaltet linearmotorgetriebene Schleppfahrzeuge mit an- und abkuppelbaren Paletten. Da diese Lösung neue technische Fragestellungen hinsichtlich der Positionierung und der Kurvengängigkeit aufwarf, wurde das Konzept konstruktiv ausgearbeitet und als Versuchsanlage aufgebaut. In Versuchsreihen wurde die Funktionsfähigkeit nachgewiesen und Kenngrößen zur Systembeurteilung ermittelt.

Anhang I: Rechnerunterstütztes Auswahlverfahren für Verkettungseinrichtungen

1 Aufbau des Auswahlverfahrens

Das Auswahlverfahren (Bild 63) besteht aus

- einer Datenbank zum Speichern und Verarbeiten der Daten von Verkettungseinrichtungen,
- einem Lösungskatalog zur graphischen und verbalen Darstellung der in der Datenbank aufgenommenen Verkettungseinrichtungen und
- einem Identnummernsystem zum Zuordnen der Lösungen in Datenbank und Lösungskatalog.

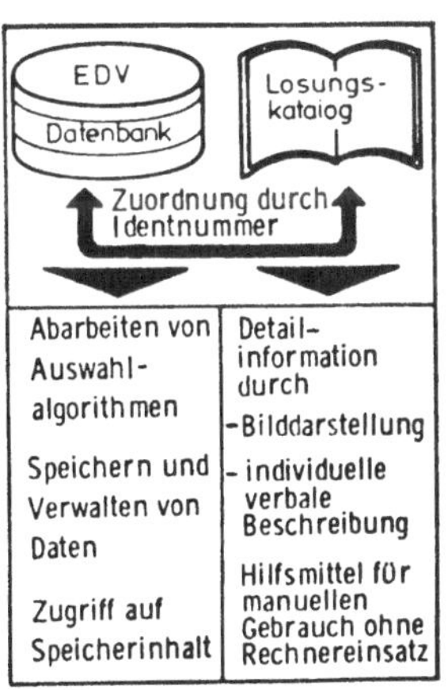

Bild 63: Prinzip des Auswahlverfahrens für Verkettungseinrichtungen

1.1 Identnummernsystem

Alle Lösungen sind nach einem Identnummernsystem in der Datenbank und im Lösungskatalog geordnet. Die sechsstellige Identnummer setzt sich aus einem klassifizierenden Teil (3 Stellen) und aus einem identifizierenden Teil (3 Stellen) zusammen (Bild 64). Zum Erleichtern des manuellen Auffindens von Lösungen im Lösungskatalog wird die Kennzahl (1. und 2. Stelle) des im Kapitel 3 beschriebenen Klassifizierungssystemes benutzt.

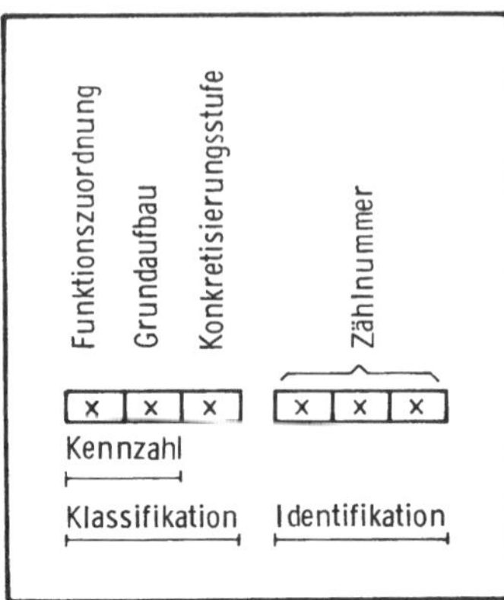

Bild 64: Identnummer zum Ordnen von Lösungsmöglichkeiten

Um die Einsatzmöglichkeiten des Auswahlverfahrens universell zu gestalten, war eine Möglichkeit zu suchen, Lösungen unterschiedlicher Konkretisierung mit dem Verfahren zu berücksichtigen. Diese Möglichkeit ergibt sich durch die Definition verschiedener Konkretisierungsstufen. Zum Verbessern der Übersicht und als Unterscheidungsmöglichkeit, wird daher in der dritten Stelle der Identnummer die Konkretisierungsstufe von Lösungen gekennzeichnet (Bild 65). Käufliche Einrichtungen werden unterteilt nach Standardausführungen oder problemanpaßbaren Ausführungen. Sonderentwicklungen werden unterschieden nach problemspezifischen existierenden Sondereinrichtungen und nach Prinziplösungen. Ein Beispiel für Neukonstruktionen auf der Grundlage von Prinziplösungen ist das in Abschnitt 5 beschriebene Palettenfördersystem.

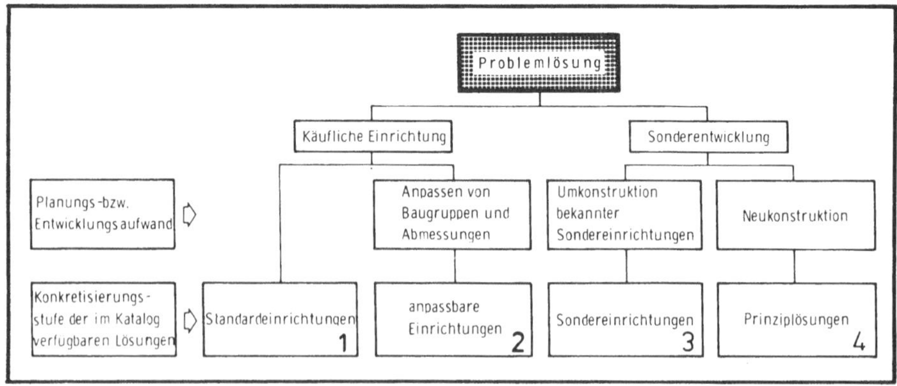

Bild 65: Konkretisierungsstufen von Problemlösungen für Verkettungsaufgaben

Der dreistellige Klassifizierungsteil läßt bereits eine Grobauswahl ohne EDV-Hilfe nach den genannten Merkmalen zu. Die Auswahl beschränkt sich hierbei auf Klassen von Einrichtungen.

1.2 Lösungskatalog für Verkettungseinrichtungen

Beim Aufbau des Lösungskataloges wurden die Prinzipien für die Gestaltung von Katalogen zum methodischen Konstruieren /42/ berücksichtigt. Danach soll ein Lösungskatalog wie folgt aufgeteilt werden:

1. Gliederungsteil
2. Lösungs- oder Elementeteil
3. Merkmalteil

Den Gliederungsteil bildet die Identnummer. Die Lösungsblätter enthalten im Lösungsteil Prinzip- oder Maßskizzen der betreffenden Einrichtung und im Merkmalteil die wesentlichen technischen Daten und Einsatzmerkmale. Für käufliche Einrichtungen sind die Lösungsblätter nach dem in Bild 68 gezeigten Beispiel aufgebaut. Weitere Informationen sind in Form von Firmenprospekten bzw. -angeboten einzuholen. Herstelleradresse und Typ der Einrichtungen sind auf den Katalogblättern jeweils angegeben. Bei Sondereinrichtungen und Prinziplösungen wird auf die Quelle verwiesen.

1.3 Programm DAVE zur Auswahl von Verkettungseinrichtungen

Das Programmsystem DAVE (Datenbanksystem zur Auswahl von Verkettungseinrichtungen) enthält zwei Funktionsbereiche. Der erste Funktionsbereich dient zum Eingeben von Daten in das Datenbanksystem. Der Aufbau des Erfassungsformulares ist in Bild 66 dargestellt. Der zweite Funktionsbereich dient zum Auswählen von Lösungen nach einem gegebenen Anforderungsprofil. Diese Funktion ist wahlweise im Lochkartenbetrieb oder im Dialogbetrieb möglich.

2 Ablauf des Auswahlvorganges

Die Analyse der Verkettungsaufgabe zeigt bestimmte Kombinationen von Aufgabenmerkmalen, die das Anforderungsprofil ergeben. Jede

Spalte	Gruppe
1	KA
2	KN
3–8	IDENTNUMMER
9–10	
11–20	BENENNUNG
21–30	HERSTELLER
31–40	TYPENBEZEICHNUNG
41–43	H.NR.
44–46	S.NR.
47–52	DATUM
53–56	

Spalte	Gruppe	Ausprägung
1	KA	
2	KN	
3–8	IDENTNUMMER	
11	WERKSTUECKFORM	ROT.T. L/D ≤ 0.5
12		ROT.T. L/D 0.5 ≤ 3.0
13		ROT.T. L/D < 3.0
14		ROT.T.M.ABW.L/D ≤ 2.0
15		ROT.T.M.ABW.L/D > 2.0
16		ROT.T. ALLG.
17		FLACHT. A/B ≤ 3 AK ≥ 4
18		LANGT. A/B > 3
19		KUB.T. A/B ≤ 3 A/C 4
20		NICHTRT. ALLG.
21		WERKS.FORM VAR.
22	WS-ABMESSUNGEN	≤ 20.0
23		> 20.0 ≤ 50.0
24		> 50.0 ≤ 100.0
25		> 100.0 ≤ 160.0
26		> 160.0 ≤ 250.0
27		> 250.0 ≤ 400.0
28		> 400.0 ≤ 600.0
29		> 600.0 ≤ 1000.0
30		> 1000.0
31		WERKS.ABM. VAR.
32	WS-MASSE	≤ 0.063
33		> 0.063 ≤ 0.25
34		> 0.25 ≤ 1.0
35		> 1.0 ≤ 4.0
36		> 4.0 ≤ 16.0
37		> 16.0 ≤ 64.0
38		> 64.0 ≤ 256.0
39		> 256.0
40		WERKSMASSE VAR.
41	WS-EMPFINDL.	UNEMPFINDLICH
42		OBERFLAECHENEM.
43		FORMEMPFINDL.
44		LAGEEMPFINDL.
45		WS-EMPFINDL. VAR.
46	HH-EIGENSCH.	STANDFAEHIG
47		STANDFAEHIG. SCH.
48		STAPELBAR
49		GLEITFAEHIG
50		ROLLFAEHIG
51		MAGNETISCH
52		HH-EIGENSCH. VAR.
53	HAN…	BUNKERN
54		MAGAZINIEREN
55		WEITERGEBEN
56		ABZWEIGEN

Spalte	Gruppe	Ausprägung
1	KA	
2	KN	
3–8	IDENTNUMMER	
11	FOERD. LAENG.	≤ 0.25
12		> 0.25 ≤ 1.0
13		> 1.0 ≤ 4.0
14		> 4.0 ≤ 16.0
15		> 16.0 ≤ 64.0
16		> 64.0
17		FOERDERL. VAR
18	FOERD. GESCHW.	≤ 0.125
19		> 0.125 ≤ 0.250
20		> 0.25 ≤ 0.5
21		> 0.5 ≤ 1.0
22		> 1.0 ≤ 2.0
23		> 2.0
24		FOERDERGESCHW.VAR.
25	FOERDBEW	STETIG
26		TAKTWEISE
27		UNSTETIG
28		FOERDERBEW. VAR.
29	FOERDANORD	FLURGEBUNDEN
30		UEBERFLUR
31		UNTERFLUR
32		FERTIGUNGSMITTEL
33		FOE MITTANOR. VAR.
34	SPEICHERKAPAZ.	≤ 4.0
35		> 4.0 ≤ 16.0
36		> 16.0 ≤ 64.0
37		> 64.0 ≤ 256.0
38		> 256.0 ≤ 1250.0
39		> 1250.0
40		SPEICHKAP. VAR.
41	SP. BEWEG.	RUHEND
42		BEWEGT
43		TRANSPORTABEL
44		STAPELBAR
45		SPEICHBEW. VAR.
46	ZUGR. BEWEG	PUNKT
47		LINIE
48		FLAECHE
49		RAUM
50		ZUGR. BEW. VAR.
51	ZUGR. FOLGE	WAHLFREI
52		FIRST IN - FIRST OUT
53		FIRST IN - LAST OUT
54		UMLAUF
55		ZUGRIFFSF. VAR.
56	Z…	≤ 0.25

Spalte	Gruppe	Ausprägung
1	KA	
2	KN	
3–8	IDENTNUMMER	
11	POSITIONIERGENAUIG.	≤ 0.063
12		> 0.063 ≤ 0.125
13		> 0.125 ≤ 0.25
14		> 0.25 ≤ 0.5
15		> 0.5 ≤ 1.0
16		> 1.0 ≤ 2.0
17		> 2.0 ≤ 4.0
18		> 4.0
19		POSGEN. VAR.
20	WSWV	AUFLAGEGEB.
21		GREIFERGEB.
22		WSWECHSELVER.VAR.
23	WSTE	MIT WST
24		OHNE WST
25		WST EINSATZ VAR.
26	WS-WECHSELZEIT	≤ 0.25
27		> 0.25 ≤ 1.0
28		> 1.0 ≤ 4.0
29		> 4.0 ≤ 16.0
30		> 16.0 ≤ 64.0
31		> 64
32		WS WECHSELZ.VAR.
33	TAKT/BELEG.Z.	≤ 1.0
34		> 4.0 ≤ 16.0
35		> 16.0 ≤ 64.0
36		> 64.0 ≤ 256.0
37		> 256.0 ≤ 1250.0
38		> 1250.0
39		TAKT/BELEG.ZEITVAR
40	ARBRAUMBEG.	OHNE BEGR.
41		EINSEITIG
42		ZWEISEITIG
43		DREISEITIG
44		VIERSEITIG
45		FUENFSEITIG
46		ARBRAUMBEG. VAR.
47	E-A-K	WAAGERECHT
48		SENKRECHT
49		EIN-AUSGKANALVAR
50	ARBEITSVERF.	SPANEND TEILEFER.
51		SPANLOSE TEILEFER.
52		MONTAGE
53		VERPACKUNG
54		OBERFLAECHENBEH.
55		WAERMEBEH.
56		ARBEITSVERV. VAR.

Spalte	Gruppe	Ausprägung
1	KA	
2	KN	
3–8	IDENTNUMMER	
11	STEUERUNG	ELEKTRISCH
12		ELEKTRONISCH
13		FLUIDISCH
14		PNEUMATISCH
15		HYDRAULISCH
16		STEUERUNG VAR.
17	LAENGE	≤ 250.0
18		> 250.0 ≤ 500.0
19		> 500.0 ≤ 1000.0
20		> 1000.0 ≤ 2000.0
21		> 2000.0
22		LAENGE VAR.
23	BREITE	≤ 250.0
24		> 250.0 ≤ 500.0
25		> 500.0 ≤ 1000.0
26		> 1000.0 ≤ 2000.0
27		> 2000.0
28		BREITE VAR.
29	HOEHE	≤ 250.0
30		> 250.0 ≤ 500.0
31		> 500.0 ≤ 1000.0
32		> 1000.0 ≤ 2000.0
33		> 2000.0
34		HOEHE VAR.
35	MASSE	≤ 4.0
36		> 4.0 ≤ 16.0
37		> 16.0 ≤ 64.0
38		> 64.0 ≤ 256.0
39		> 256.0 ≤ 1250.0
40		> 1250.0
41		MASSE VAR.
42	PREIS	≤ 1.0
43		> 1.0 ≤ 4.0
44		> 4.0 ≤ 16.0
45		> 16.0 ≤ 64.0
46		> 64.0 ≤ 256.0
47		> 256.0
48		PREIS VAR.
49	LIEFERZEIT	≤ 1.0
50		> 1.0 ≤ 2.0
51		> 2.0 ≤ 4.0
52		> 4.0 ≤ 8.0
53		> 8.0
54		LIEFERZEIT VAR.

Bild 66: Erfassungsformular für Verkettungseinrichtungen (Ausschnitt)

Merkmalsausprägung wird, sofern erforderlich, mit einer 1, wenn nicht erforderlich, mit einer 0 belegt. Die Vorteile dieses Codiersystems liegen in der geringen Fehlermöglichkeit und im strengen Vorgehen nach einer Merkmalsliste (Checkliste). Innerhalb eines Merkmales können mehrere Ausprägungen berücksichtigt werden, z.B. können beim Merkmal "Werkstückempfindlichkeit" die Ausprägungen "oberflächenempfindlich" und "formempfindlich" zutreffen. Ist ein Merkmal nicht genau zu bestimmen, wird es in einer gesonderten Spalte als variabel angegeben. Im Anschluß an den Auswahlvorgang können die gefundenen Lösungen im Lösungskatalog nachgeschlagen werden. Bei nicht käuflichen Lösungen muß zunächst untersucht werden, wie weit diese Lösungen als Grundlage für Neuentwicklungen geeignet sind. Sofern Neuentwicklungen zur Lösung von Teilaufgaben notwendig waren, werden diese verschlüsselt und in einem Katalogblatt dokumentiert. Bei gleichen oder ähnlichen Aufgabenstellungen stehen sie dann zur Wiederverwendung bereit.

2.1 Eingabe von Auswahldaten im Dialogbetrieb

Im allgemeinen sind für den Auswahlvorgang nicht alle Auswahlkriterien erforderlich oder bekannt. Der Auswahlvorgang kann deshalb auch mit einer begrenzten Anzahl von Kriterien ausgeführt werden. Ein Beispiel für die Dateneingabe ist in Bild 67 gezeigt.

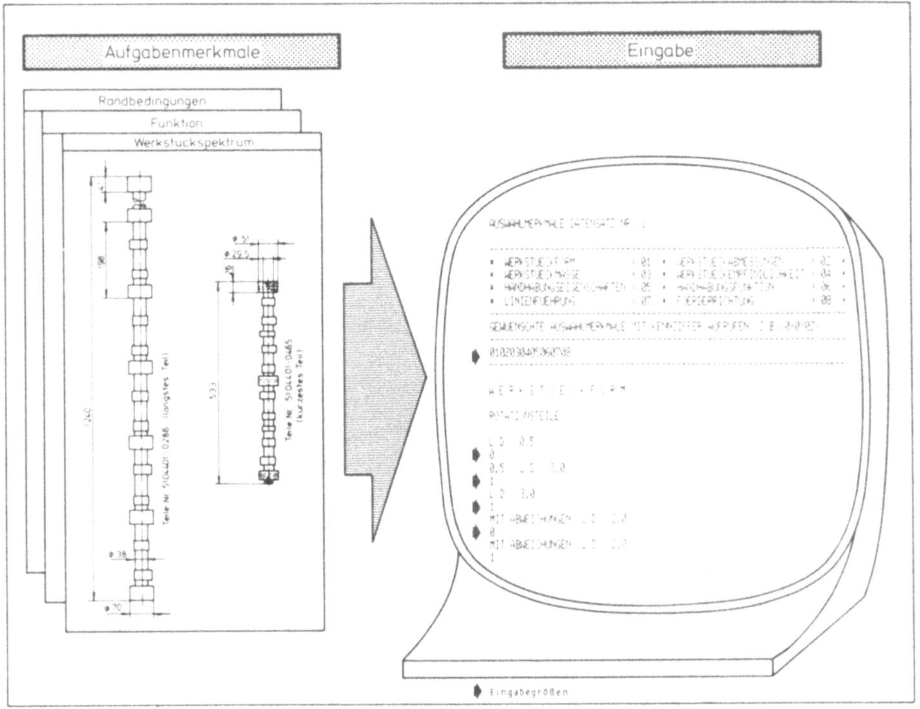

Bild 67: Eingabe von Auswahldaten

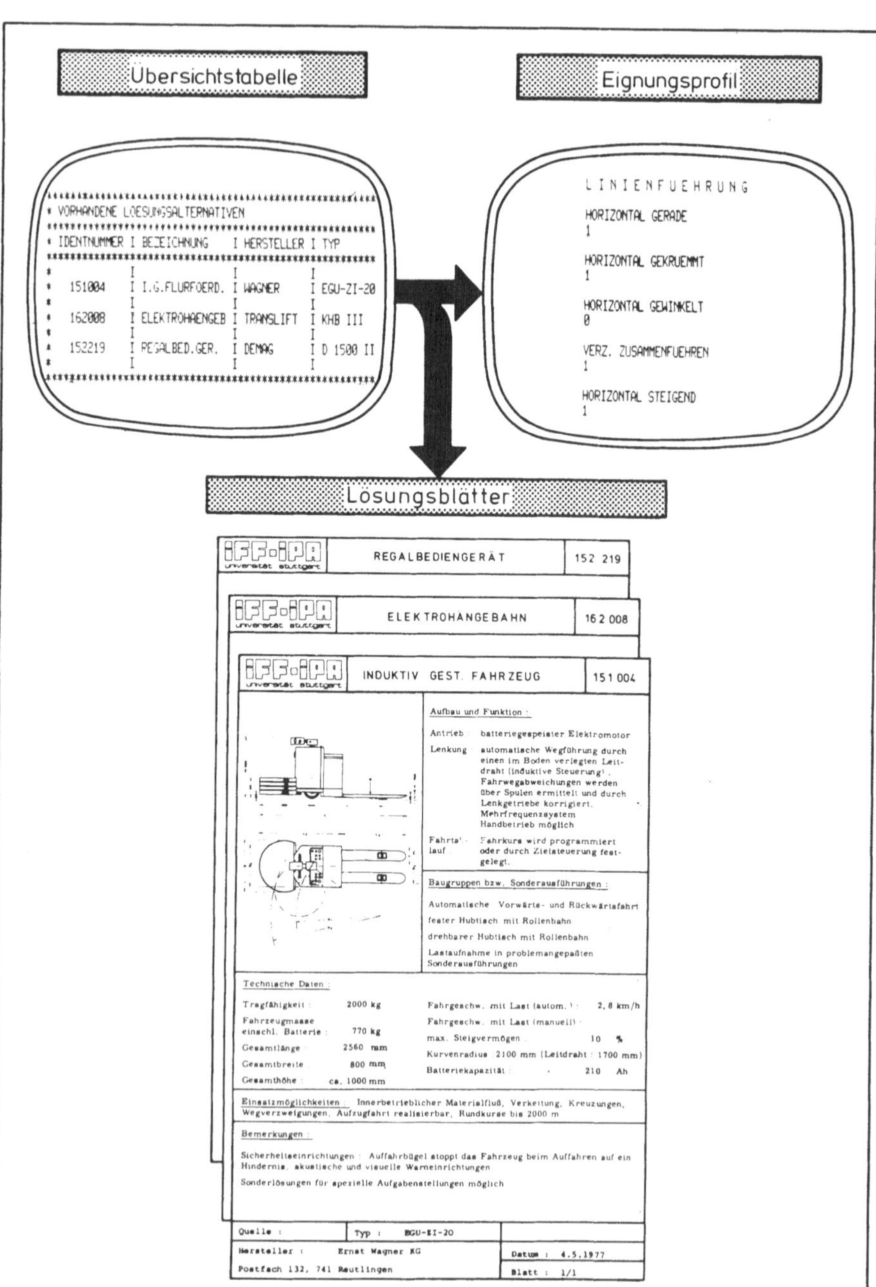

Bild 68: Darstellung von Lösungsmöglichkeiten

2.2 Ausgabe von Lösungsmöglichkeiten

Sind Einrichtungen mit dem gewünschten Eignungsprofil in der Datei vorhanden, werden deren Stammdaten (Identnummer, Hersteller, Typ etc.) in einer Übersichtstabelle ausgegeben. Zum genaueren Beurteilen der gefundenen Einrichtung kann im Lösungskatalog die Skizze und technische Beschreibung herangezogen und vom Rechner das vollständige Eignungsprofil abgerufen werden (Bild 68).

Anhang II: Linearmotorgetriebenes Palettenfördersystem mit trennbaren Schleppfahrzeugen

1 Aufbau der Versuchsanlage

1.1 Förderbahn

Die Reaktionsschienen für die Linearmotoren werden als Tragelemente und als Führung für die Schleppfahrzeuge benutzt. Diese Bauweise hat den Vorteil, daß die Führung des Linearmotors und der Reaktionsschiene eine Einheit bilden, wodurch der notwendige Fertigungs- und Materialaufwand sehr gering gehalten werden kann. Ferner sind keine unterschiedlichen Luftspaltweiten durch Fertigungsfehler möglich.

Die Höhe über dem Boden liegt im Bereich üblicher Arbeitsraumhöhen von NC-Werkzeugmaschinen. Zum Realisieren unterschiedlicher Linienführungen besteht die Förderstrecke aus den Baukastenelementen Geradstrecke, Kurve und Drehscheibe.

1.2 Schleppfahrzeuge

Die Schleppfahrzeuge (Bild 59) bestehen aus Kühlkörper mit Führungsrollen, Linearmotor, Stromabnehmer, Kuppeleinrichtung, Tachogenerator zur Geschwindigkeitsrückmeldung und einer Positionierschiene für das mechanische Positionieren der Schleppfahrzeuge.

Für den Einsatz im Palettenfördersystem wurde die Linearmotorenanordnung 1.1 nach Bild 69 aus folgenden Gründen ausgewählt:
- Geringer Material- und Fertigungsaufwand,
- geringe Verschmutzungs- und Beschädigungsgefahr durch senkrechte Anordnung der Reaktionsschiene,
- Anordnung von zwei unabhängigen Spuren für Schleppfahrzeuge möglich,
- Einsatz von konventionellen Drehstromantrieben ohne Umbau realisierbar.

Beim Durchfahren von Kurven bilden bei senkrecht angeordneten Reaktionsschienen die Linearmotoren entweder eine Sekante (Außenkurve) oder eine Tangente (Innenkurve). Der Luftspalt vergrößert sich dabei in der Mitte oder an den Enden des Linearmotors.

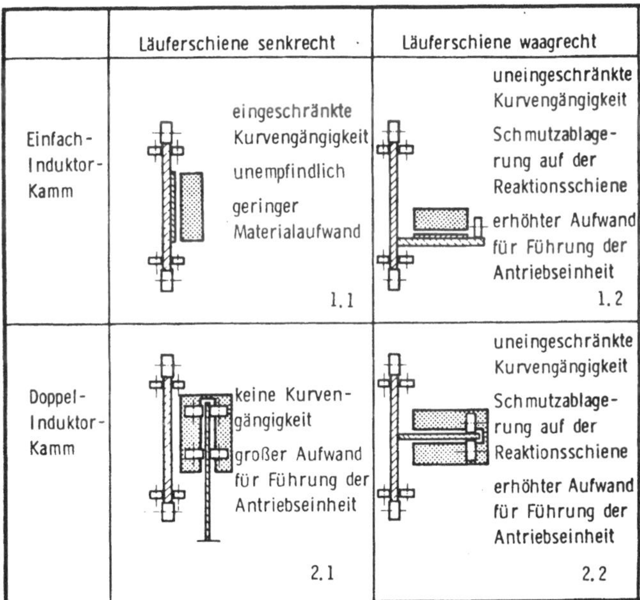

Bild 69: Ausführungs- und Anordnungsmöglichkeiten von Linearmotoren

1.3 Positionier- und Kupplungseinrichtung

Die Positionier- und Kupplungseinrichtungen können auf Längsstreben unterhalb der Fahrebene der Schleppfahrzeuge an jeder notwendigen Stelle angebracht werden /49/. Sofern eine Palette mitgeführt wird, ist diese ebenfalls positioniert und kann abgekuppelt werden. Zum späteren Ankuppeln wird ein Schleppfahrzeug wieder in die gleiche Position unterhalb der Palette gebracht.

Der An- und Abkuppelvorgang wird erst eingeleitet, wenn die richtige Position von Schleppfahrzeug und Palette erreicht ist. Ein Betätigungshebel in der Förderbahn bewegt die Kupplungsstange der in dem Schleppfahrzeug liegenden Kupplung nach oben. Bei jeder Betätigung der Kupplungsstange wird der Kupplungsbolzen in die entgegengesetzte Endlage gebracht und die Palette an- oder abgekuppelt (Bild 70). Der Wechsel der Endlagen wird in der Kupplung durch eine Schaltplatte bewirkt. Die in Bild 71 dargestellte Bauweise wurde ausgewählt, da sie von allen betrachteten Prinzipien den geringsten Bauraum erfordert.

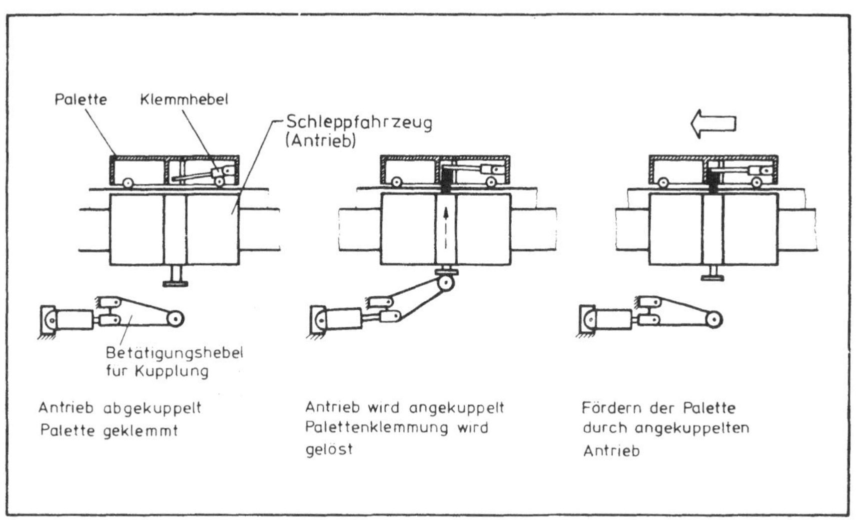

Bild 70: Ankuppeln einer Palette an ein Schleppfahrzeug

1.4 Steuerung und Regelung

Die Anlage arbeitet mit einer programmierbaren Steuerung (Bild 72); die Versuchsabläufe können daher schnell verändert werden. Das Programmieren erfolgt durch Eingabe von Stromlaufplansymbolen über ein Bildschirmprogrammiergerät. Zur Dokumentation können die Programme in Form von Stromlaufplänen ausgedruckt werden bzw. auf Lochstreifen übertragen werden.

Zum Start wird der Sollwert der Normalgeschwindigkeit vorgegeben. Vor dem Erreichen des Zielortes gibt die Steuerung infolge von Eingangssignalen den Sollwert für die "Schleichgeschwindigkeit" vor. Es wird eine Gegenstrombremsung eingeleitet, bis die Schleichgeschwindigkeit erreicht ist. Beim Erreichen der endgültigen Posi-

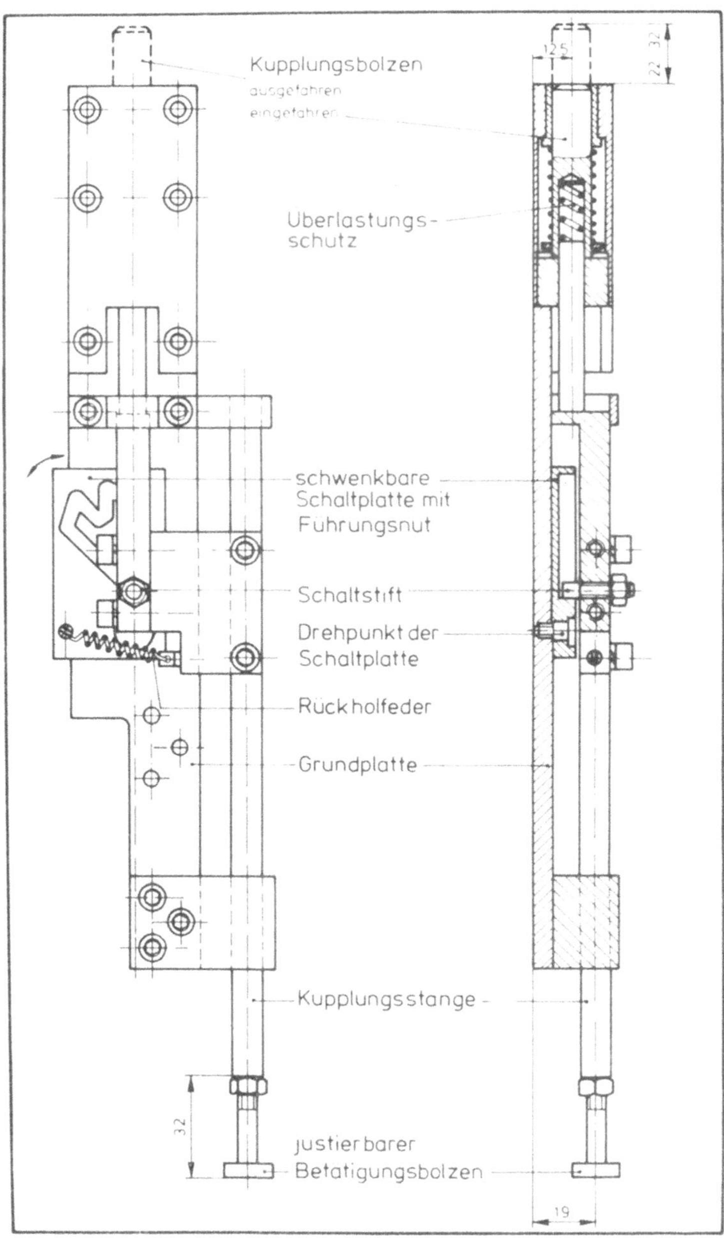

Bild 71: Kupplungsausführung

tion wird der Antrieb abgeschaltet und das Schleppfahrzeug mit Palette mechanisch bzw. elektrisch fixiert. Zum Einsatz in verzweigten Streckennetzen ist eine Zielsteuerung mit magnetischem Palettenkodiersystem installiert /50/.

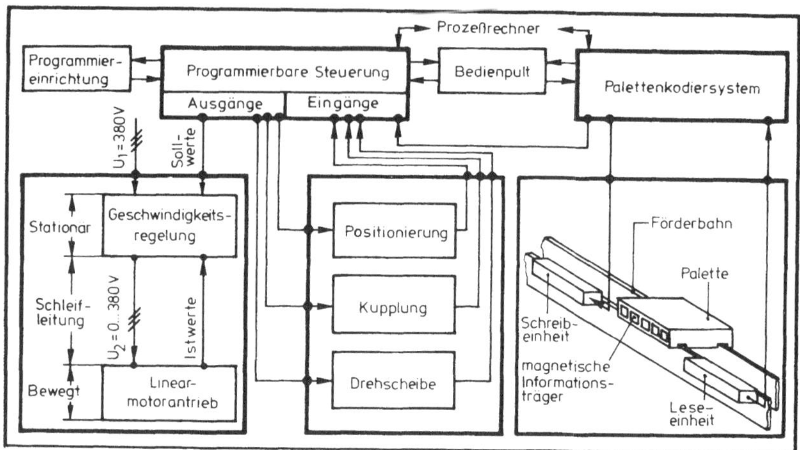

Bild 72: Steuerung und Regelung der Anlage

2 Untersuchungen zu speziellen Problemen beim Einsatz von Linearmotoren

2.1 Positionieren mit Linearmotoren

2.1.1 Lösungsmöglichkeiten zum Positionieren mittels Linearmotoren

Prinzipiell sind die von rotatorischen Antrieben her bekannten Positionierverfahren einsetzbar. Linearmotoren erfordern jedoch Maßnahmen zum Einhalten einer bestimmten Position während des Stillstandes, da keine Selbsthemmung bzw. Bremswirkung existiert. Grundsätzliche Möglichkeiten zum Positionieren sind in Bild 73 zusammengestellt.

Die mechanische Positionierung ist in der Versuchsanlage so ausgelegt, daß beim Überschreiten einer einstellbaren Positioniergeschwindigkeit (z.B. bei technischen Störungen) durch eine

Sicherheitsvorkehrung kein Beschädigen oder Zerstören der formschlüssig wirkenden Einrichtung erfolgt.

	Mechanische Positionierung	Geschwindigkeitsregelung (Sollwertvorgabe 0)	Unstetige Lageregelung	Stetige Lageregelung	Elektromagnetische Positionierung	Linearer Schrittmotor
Prinzip	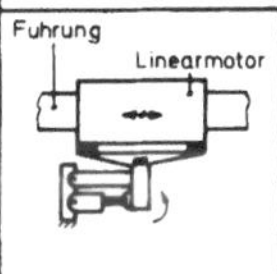 Fuhrung Linearmotor	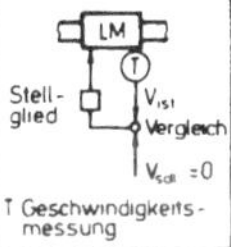 LM Stellglied V_{ist} Vergleich $V_{soll} = 0$ T Geschwindigkeitsmessung	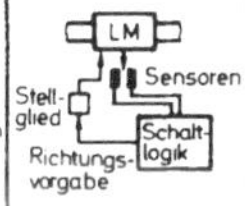 LM Sensoren Stellglied Schaltlogik Richtungsvorgabe	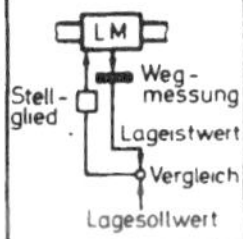 LM Wegmessung Stellglied Lageistwert Vergleich Lagesollwert	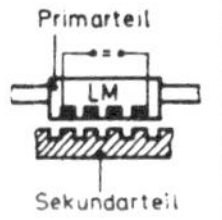 Primarteil LM Sekundarteil	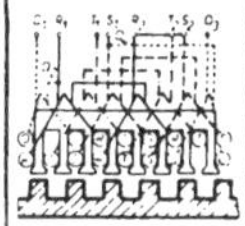
Funktion	Zum Positionieren greift ein hochgeklappter Bolzen in eine Nut der Antriebseinheit	Abbremsen des Antriebes zum Stillstand; bei Auslenkung aus der Position erfolgt durch Gegenkraft erneuter Stillstand	Antrieb wird zwischen zwei Sensoren stillgesetzt; eine Schaltlogik bewirkt bei Auslenkung (Sensormeldung) eine Rückstellbewegung	Stillsetzen des Antriebes in der Position; bei Auslenkung wird durch Rückstellkraft die Position erneut eingenommen	Antrieb verweilt elektromagnetisch in stabiler Vorzugslage durch genuteten Sekundärteil und gleichstromgespeistem Primärteil	Nutteilung in Primär- und Sekundärteil verschieden; zyklisches Speisen mehrerer Windungen im Primärteil
Vorteile	Sehr gute Positioniergenauigkeit; Haltekraft nicht durch Schubkraft begrenzt	Geringer Aufwand bei vorhandener Geschwindigkeitsregelung	Geringer Aufwand und gute Positioniergenauigkeit	Sehr gute Positioniergenauigkeit; anfahren von beliebigen Positionen möglich	Sehr gute Positioniergenauigkeit	Anfahren von beliebigen Positionen möglich
Nachteile	Technischer Aufwand für mechanische Einrichtung	Antrieb verbleibt bei Auslenkung in veränderter Position	Bei ungünstiger Auslegung sind andauernde Schwingungen des Antriebes möglich	Hoher Aufwand da zusätzlicher Lageregelkreis erforderlich ist	Ständige Energiezufuhr sowie hoher technischer Aufwand erforderlich	Sehr hoher technischer Aufwand notwendig

Bild 73: Möglichkeiten zum Positionieren mit Linearmotorantrieben

Eine zweite Möglichkeit, bei der die Geschwindigkeit Null als Sollwert vorgegeben wird, eignet sich nur für untergeordnete Aufgaben ohne besondere Anforderungen an die Positioniergenauigkeit. Solche Fälle ergeben sich z.B. bei kurzzeitigen Wartestellungen vor Drehscheiben oder Weichen. Unstetige Lageregelungen können mit relativ geringem Aufwand realisiert werden, wobei die Anforderungen hinsichtlich Positionierzeit und Positioniergenauigkeit gut erfüllt werden. Die gleiche Wirkung wird mit einer stetigen Regelung, jedoch mit erheblich höherem Aufwand erreicht, da hier ein zusätzliches Wegmeßsystem notwendig ist. Der Vorteil, daß beliebige Positionen angefahren werden können, ist nur in seltenen Fällen auszunutzen, da im allgemeinen immer definierte Haltepunkte zu bedienen sind. Bei Gleichstromspeisung des Linearmotors und entsprechender Ausbildung des Sekundärteiles durch Nuten und Schlitze wird der Antrieb in eine Vorzugslage gezogen. Es entsteht hier ein relativ hoher elektrischer und mechanischer Aufwand. Nachteilig ist insbesondere der höhere Energieverbrauch, da während der gesamten Aufenthaltsdauer Energie zugeführt werden muß.

Aus diesem Grunde wurde dieses Verfahren in der Versuchsanlage nicht realisiert. In /51/ werden Linearmotoren beschrieben, die in einer zusätzlichen Betriebsart als Schrittmotoren wirken und somit zum Positionieren geeignet sind. Diese Entwicklungen befinden sich zur Zeit im Laborstadium und sind in naher Zukunft noch nicht fördertechnisch einsetzbar. In der Versuchsanlage wurden die mechanische Positionierung, das Positionieren mittels Geschwindigkeitsregelung, die unstetige Lageregelung und die stetige Lageregelung verwirklicht. Geht man von der Aufgabenstellung aus, daß an festgelegten Haltepunkten mit bestimmten Genauigkeiten zu positionieren ist, kommen als vergleichbare Verfahren nur die mechanische Positionierung und die unstetige Lageregelung in Betracht (Bild 54). Deshalb werden hier die wesentlichen Versuchsergebnisse dieser beiden Verfahren beschrieben.

2.1.2 Versuchsergebnisse zum Positionieren

Die Beurteilung der Verfahren erfolgt aufgrund der Positioniergenauigkeit /52/ und der Positionierzeit. Im Falle der mechanischen Positionierung muß weiterhin die auftretende Positionierkraft berücksichtigt werden. Beeinflußt werden diese Größen hauptsächlich durch die bewegte Masse (Palettenbelastung) und durch die Fahr- und Positioniergeschwindigkeit (Bild 74). Mit größerer Positioniergeschwindigkeit reduziert sich die Positionierzeit. Die maximale Positioniergeschwindigkeit ist jedoch durch die Massenkräfte begrenzt. Bei der mechanischen Positionierung ist die Positioniergenauigkeit nur von der Fertigungsgenauigkeit der Einrichtung abhängig. In der Versuchsanlage betrug der Extremwert für die Positionsstreubreite 0,26 mm. Dieses Verfahren ist deshalb besonders für Einsatzfälle mit hohen Anforderungen an die Positioniergenauigkeit geeignet. Ein weiterer Vorteil ergibt sich durch die formschlüssige Fixierung, die relativ große Haltekräfte aufnimmt.

Die Positionierung mit unstetiger Lageregelung genügt mit einem Extremwert der Positionsstreubreite von 1,49 mm voll den Anforderungen an die Positioniergenauigkeit. Die Positionierzeit ist geringfügig länger als bei der mechanischen Positionierung, da vor dem endgültigen Stillstand Regelbewegungen auftreten können.

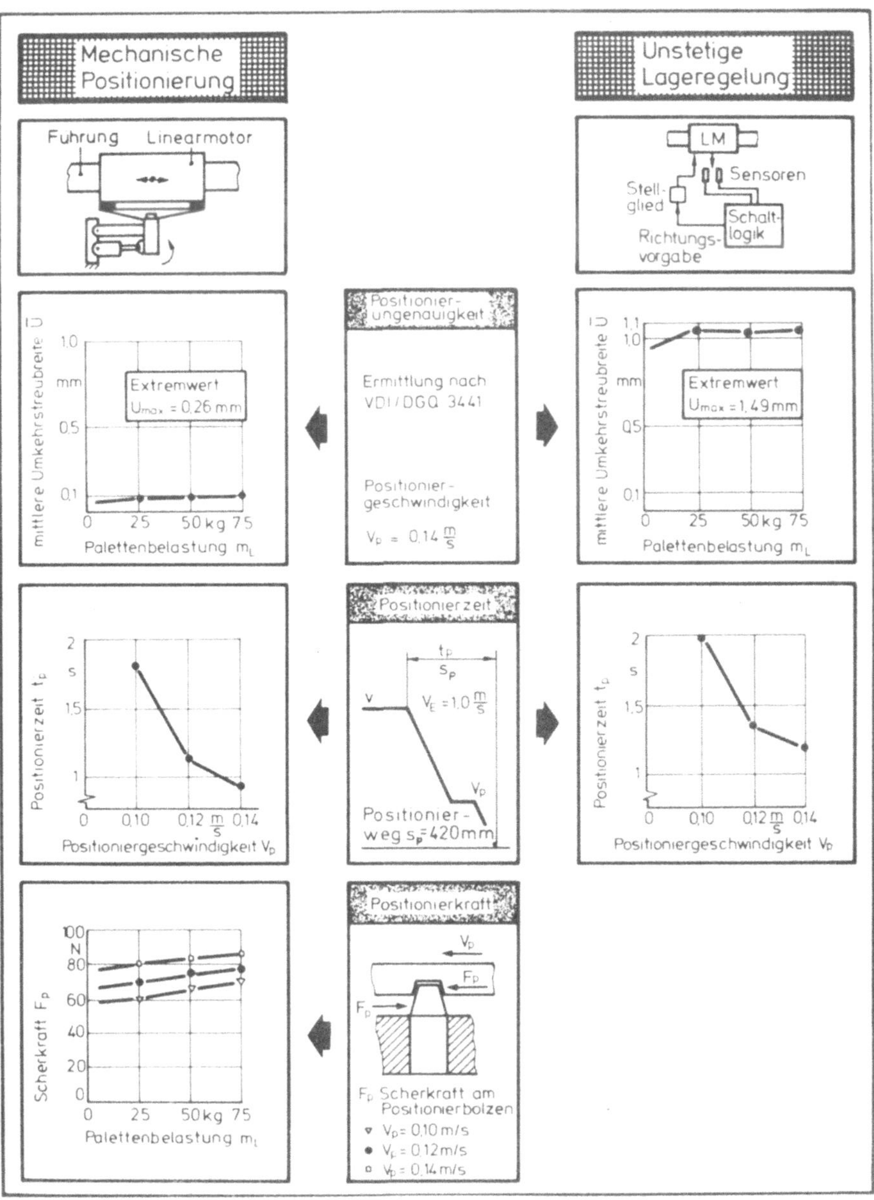

Bild 74: Vergleich von Positionierverfahren bei Linearmotorantrieben

Beim Einfahren in die Position muß bei der mechanischen Positionierung die verbleibende Restenergie von der Positioniereinrichtung aufgenommen werden. Durch optimierte Dämpfungselemente wurden die Kräfte soweit reduziert, daß keine nennenswerte Beanspruchung der Positionierelemente entsteht.

Die Versuchsergebnisse zeigen, daß das Verfahren zum berührungslosen Positionieren mittels Linearmotoren die Anforderungen erfüllt, die hinsichtlich der Genauigkeit und Zeit gestellt werden. Gegenüber den wegfallenden Investitionskosten für mechanische Einrichtungen ist der höhere Steuerungsaufwand vernachlässigbar. Neben den wirtschaftlichen Vorteilen, die den Investitionsaufwand betreffen, verringert das verschleißfreie Positionierverfahren den Instandhaltungsaufwand und erhöht die Zuverlässigkeit des Systems.

2.2 Dynamische Eigenschaften in Kurven- und Geradstrecken

2.2.1 Luftspaltgeometrie in Kurven

Beim Durchfahren von Kurven bilden bei senkrecht angeordneten Reaktionsschienen die Linearmotoren eine Sekante (Außenkurve) oder eine Tangente (Innenkurve). Der Luftspalt vergrößert sich in der Mitte oder an den Enden des Linearmotors um $\delta_{zus\ 1}$ bzw. $\delta_{zus\ 2}$ (Bild 75).

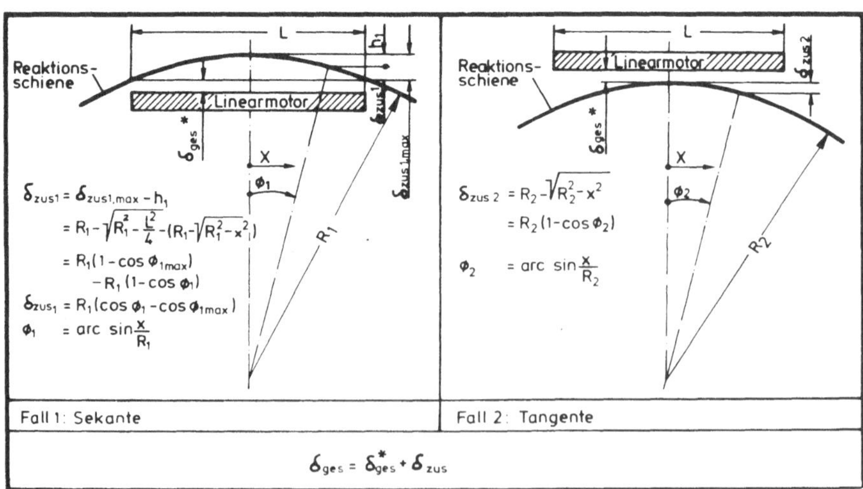

Bild 75: Luftspaltgeometrie in Kurven

Der veränderte Luftspalt hat eine Schubkraftreduzierung zur Folge. Über das Verhalten von Linearmotoren bei stetigen Luftspaltänderungen entlang des Linearmotors liegen im Schrifttum keine Hinweise vor. Der Kurvenradius der Versuchsanlage wurde daher nach anwendungstechnischen Gesichtspunkten festgelegt.

2.2.2 Versuchsergebnisse zum Beschleunigungsvermögen

Neben den genannten Schubkraftänderungen treten in Kurvenstrecken auch andere Fahrwiderstandskräfte als in Geradstrecken auf. Die Beurteilung der Kurvengängigkeit des Systems läßt sich daher nicht auf den Vergleich der Stillstandsschubkräfte der Linearmotoren beschränken. Um alle auftretenden Kräfte mitzuberücksichtigen, wurde als Vergleichskriterium das Beschleunigungsvermögen in Gerad- bzw. Kurvenstrecken gewählt.

Die Versuche gingen von der extremen Aufgabenstellung aus, daß die Last in der Kurve stillgesetzt und wieder beschleunigt wird. Bei maximaler Schubkraft der Linearmotoren ergaben sich die in Bild 76 dargestellten mittleren Beschleunigungswerte. Die Beschleunigungswerte in Kurven übersteigen den geforderten Wert von 1 m/s^2. Die Stromaufnahme erhöht sich gegenüber Geradstrecken um ca. 50%. Da sich der Beschleunigungsvorgang kurzzeitig abspielt, treten jedoch keine nennenswerten thermischen Belastungen auf.

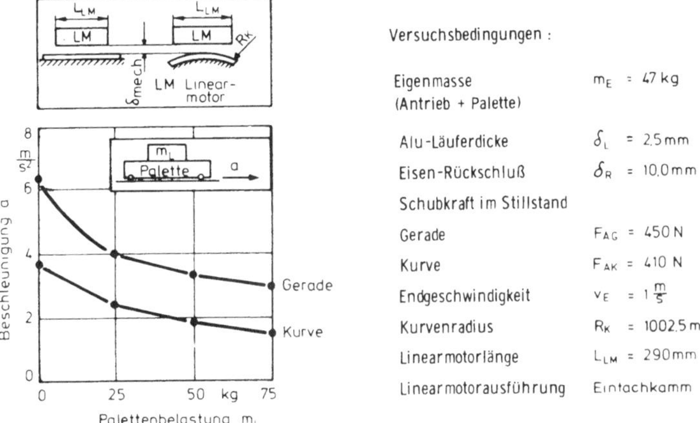

Bild 76: Beschleunigung in Kurven- und Geradstrecken

Stufenweise Ableitung eines praktischen Planungssystems für den Entwicklungsbereich
Von R. Hichert. ISBN 3-7830-0149-8.
1978, 151 Seiten, kartoniert. 52,— DM

Produktionsplanung mit Auftragsfamilien
Von U. W. Geitner. ISBN 3-7830-0161.7.
1979, 110 Seiten, kartoniert. 45,— DM

Thermisch-chemisches Entgraten
Von T. Wagner. ISBN 3-7830-0164-1.
1979, 111 Seiten, kartoniert. 45,— DM

Untersuchung der Materialflußkosten bei ausgewählten Systemen der Zentralen Arbeitsverteilung
Von R. Wenzel. ISBN 3-7830-0162-5.
1979, 168 Seiten, kartoniert. 86,— DM

Anpassung und Einführung eines Planungssystems für die Ablaufplanung im Konstruktionsbereich
Von W. Dangelmaier. ISBN 3-7830-0163-3.
1979, 168 Seiten, kartoniert. 80,— DM

Längenmessungen an bewegten Teilen mit berührungslos wirkenden Aufnehmern
Von H. Lang. ISBN 3-7830-0157-9.
1979, 89 Seiten, kartoniert. 42,— DM

Untersuchung multistabiler Strömungselemente und ihr Einsatz in sequentiellen Steuerungen
Von A. Ernst. ISBN 3-7830-0157-9.
1979, 122 Seiten, kartoniert. 48,— DM

Taktile Sensoren für programmierbare Handhabungsgeräte
Von M. Schweizer. ISBN 3-7830-0158-7.
1979, 91 Seiten, kartoniert. 42,— DM

Die rechnerunterstützte Prüfplanung
Von P. Bläsing. ISBN 3-7830-0152-8.
1979, 100 Seiten, kartoniert. 44,— DM

Verfahren zur Fabrikplanung im Mensch-Rechner-Dialog am Bildschirm
Von W. Ernst. ISBN 3-7830-0156-0.
1979, 218 Seiten, kartoniert. 72,— DM

Rechnerunterstütztes Verfahren zur Leistungsabstimmung von Mehrmodell-Montagesystemen
Von M. Görke. ISBN 3-7830-0155-2.
1979, 139 Seiten, kartoniert. 50,— DM

Standortbezogene Betriebsmittel
Von G. Pflieger. ISBN 3-7830-0167-6.
1979, 127 Seiten, kartoniert. 52,— DM

Die betriebswirtschaftliche Beurteilung neuer Arbeitsformen
Von B.-H. Zippe. ISBN 3-7830-0168-4.
1979, 350 Seiten, kartoniert. 98,— DM

Untersuchung des Arbeitsverhaltens programmierbarer Handhabungsgeräte
Von B. Brodbeck. ISBN 3-7830-0169-2.
1979, 117 Seiten, kartoniert. 48,— DM

Untersuchung eines kohärent-optischen Verfahrens zur Rauheitsmessung
Von N. Rau. ISBN 3-7830-0174-9.
1979, 117 Seiten, kartoniert. 48,— DM

Entwicklung einer programmierbaren, pneumatischen Steuerung
Von D. Klemenz. ISBN 3-7830-0171-4.
1979, 93 Seiten, kartoniert. 42,— DM

IPA Forschung und Praxis

Berichte aus dem Fraunhofer-Institut für Produktionstechnik und Automatisierung, Stuttgart, und dem Institut für Industrielle Fertigung und Fabrikbetrieb der Universität Stuttgart

Herausgeber: Prof. Dr.-Ing. H. J. Warnecke

38 **Arbeitsgangterminierung mit variabel strukturierten Arbeitsplänen — Ein Beitrag zur Fertigungssteuerung flexibler Fertigungssysteme**
Von U. Maier. ISBN 3-540-10213-2.
1980, 111 Seiten mit 45 Abbildungen. 43,— DM

39 **Kapazitätsabgleich bei flexiblen Fertigungssystemen**
Von P. S. Nieß. ISBN 3-540-10372-4.
1980, 151 Seiten mit 57 Abbildungen. 48,— DM

40 **Schichtdickenverteilung auf galvanisierten Paßteilen am Beispiel kleiner abgesetzter Wellen und Bohrungen**
Von D. Wolfhard. ISBN 3-540-10373-2.
1980, 177 Seiten mit 83 Abbildungen. 48,— DM

41 **Planung von Mehrstellenarbeit unter Berücksichtigung von Umfeldaufgaben**
Von S. Häußermann. ISBN 3-540-10374-0.
1980, 136 Seiten mit 59 Abbildungen. 48,— DM

42 **Untersuchungen zur Schmierfilmdicke in Druckluftzylindern — Beurteilung der Abstreifwirkung und des Reibungsverhaltens von Pneumatikdichtungen mit Hilfe eines neu entwickelten Schmierfilmdicken-meßverfahrens**
Von R. Köhnlechner. ISBN 3-540-10375-9.
1980, 100 Seiten mit 38 Abbildungen und 4 Tabellen. 43,— DM

43 **Typologie zum überbetrieblichen Vergleich von Fertigungssteuerungsverfahren im Maschinenbau**
Von G. Rabus. ISBN 3-540-10376-7.
1980, 174 Seiten mit 88 Abbildungen und 21 Tafeln. 48,— DM

44 **System zur Planung des Umlaufbestandes in Betrieben mit Serienfertigung**
Von K.-G. Wilhelm. ISBN 3-540-10377-5.
1980, 142 Seiten mit 67 Abbildungen und 15 Tafeln. 48,— DM

45 **Rechnerunterstützte Arbeitsplanerstellung mit Kleinrechnern, dargestellt am Beispiel der Blechbearbeitung**
Von W. Hoheisel. ISBN 3-540-10505-0.
1981, 169 Seiten mit 74 Abbildungen. 48,— DM

46 **Beitrag zur Verbesserung der Wirtschaftlichkeit EDV-unterstützter Fertigungssteuerungssysteme durch Schwachstellenanalyse**
Von J. Lienert. ISBN 3-540-10506-9.
1981, 148 Seiten mit 37 Abbildungen. 48,— DM

47 **Die Abscheidung von Öl an Entlüftungsöffnungen drucklufttechnischer Anlagen**
Von W.-D. Kiessling. ISBN 3-540-10604-9.
1981, 117 Seiten mit 48 Abbildungen und 3 Tabellen. 43,— DM

48 **Dynamische Optimierung technisch-ökonomischer Systeme**
Von J. Warschat. ISBN 3-540-10717-7.
1981, 132 Seiten mit 60 Abbildungen. 43,— DM

49 **Bildsensor zur Mustererkennung und Positionsmessung bei programmierbaren Handhabungsgeräten**
Von H. Geißelmann. ISBN 3-540-10735-5.
1981, 125 Seiten mit 52 Abbildungen. 43,— DM

50 **Verfügbarkeitsberechnung für komplexe Fertigungseinrichtungen**
Von Ekkehard Gericke. ISBN 3-540-10779-7.
1981, 132 Seiten mit 71 Abbildungen. 43,— DM

51 **Materialflußgestaltung in Fertigungssystemen**
Von Willi Rößner. ISBN 3-540-10888-2.
1981, 149 Seiten mit 76 Abbildungen. 48,— DM

Die Berichte 38 und folgende sind zu beziehen durch den Springer-Verlag, Berlin Heidelberg New York